ISBN 978-3-662-26921-3   ISBN 978-3-662-28393-6 (eBook)
DOI 10.1007/978-3-662-28393-6

Das
„Archiv für die gesamte Virusforschung"

erscheint zwanglos in Heften von wechselndem Umfang und in kurzen Zwischenräumen. Die Hefte werden einzeln berechnet und in Bänden von 40 bis 50 Druckbogen vereinigt werden.

Das „Archiv" veröffentlicht Beiträge aus allen Teilgebieten der Virusforschung in deutscher, englischer und französischer Sprache, und zwar *Originalarbeiten* (Berichte über experimentelle Untersuchungen) und *Übersichten*.

Besondere Aufsätze werden allgemeineren biologischen Problemen gewidmet sein, in erster Linie der Stellung der Virusforschung im Rahmen naturwissenschaftlicher Erkenntnis. Die Virusforschung arbeitet mit besonderen, zum Teil noch in verheißungsvoller Entwicklung begriffenen Methoden, sie hat neue Probleme von fundamentaler Bedeutung gezeitigt und mannigfache Beziehungen zur Physik, zur organischen und Kolloidchemie, schließlich auch in größtem Umfange zur allgemeinen Biologie gewonnen. Der Wert ihrer Ergebnisse für die Erkennung, Verhütung und Bekämpfung der übertragbaren Krankheiten des Menschen, der Tiere und der Kulturpflanzen sichern ihr auch noch andere als rein wissenschaftliche Interessen und die Mittel zu einem ungewöhnlich intensiven experimentellen Ausbau. Die experimentelle Virusforschung hat sich infolge der Verschiedenheit ihrer Untersuchungsobjekte (tierpathogene, phytopathogene und sogenannte saprophytische Virusarten, tumorerzeugende Agenzien, Bakteriophagen usw.) in mehrere, durch Spezialisten vertretene Richtungen gespalten. Dieser thematischen Differenzierung entspricht eine weitgehende Zersplitterung des Schrifttums. Arbeiten über Virus und Viruskrankheiten erscheinen in Zeitschriften der verschiedensten Art, die oft nur einem kleinen Kreis von Lesern zur Verfügung stehen. Die Errungenschaften der letzten Jahre lehren aber, daß die *Kenntnis des Gesamtgebietes* die Problematik der Virusforschung vertieft, ihre Methodik bereichert und zu Fragestellungen hinleitet, welche dem ins Extrem gesteigerten Spezialistentum entgehen. Aus solchen Erwägungen heraus soll im „Archiv" ein *Zentralorgan für die gesamte Virusforschung* geschaffen werden.

II. Band   Inhaltsverzeichnis   4. Heft

Seite

Stanley, W. M. On the Apparent Phosphatase Activity of Tobacco Mosaic and Bushy Stunt Viruses 319

Gratia, André. Recherches sur la Concentration et la Purification des Bactériophages 325

Ruska, H. Morphologische Befunde bei der bakteriophagen Lyse...... 345

Kottmann, U. Morphologische Befunde aus taches vierges von Colikulturen.. 388

Shope, R. E. The Influence of Host and Intermediate Reservoir Host in Determining the Epidemiologic Pattern of Bovine Pseudorabies and Swine Influenza.. 397

Lépine, Pierre. Les Anticorps tissulaires dans les Infections à Virus ... 406

Ritossa, Pio. Über die durch Varicellenvirus erzeugte Encephalitis des Kaninchens... 416

Kaiser, M. Bericht über Versuche, einen Trockenimpfstoff für den Pockenschutz herzustellen und über den Einfluß von Kälte und Trockenheit auf das Vaccinavirus 426

I. Med. Universitätsklinik der Charité, Berlin, und Laboratorium für
Übermikroskopie der Siemens & Halske A. G., Berlin-Siemensstadt.

Morphologische Befunde bei der bakteriophagen Lyse.*

Von

Helmut Ruska.**

Mit 57 Abbildungen.

Die Bakteriophagie nimmt innerhalb der Virusforschung eine Sonderstellung ein. Für die verschiedenartigen Einflüsse der Phagen auf die Morphologie und Biologie der Bakterien, für den Vorgang der Lyse selbst

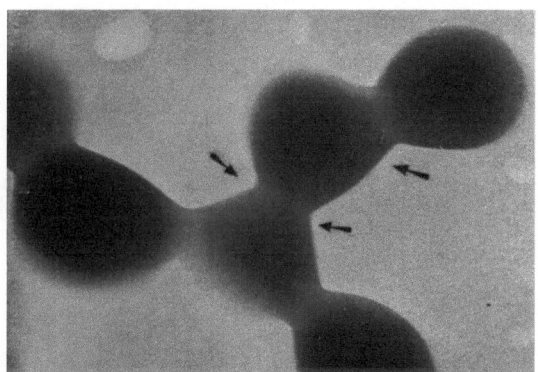

Abb. 1. 4763/40. Staphylokokken, 2std. Fleischwasserkultur, 2mal gewaschen. An den gekennzeichneten Stellen erkennt man Begrenzungslinien, die als Membranen aufzufassen sind. An den am stärksten konvexen Zellkonturen erscheint die Membran vom Cytoplasma durch einen Zwischenraum getrennt. Elektronenoptisch: 10000:1; Abb. 20000:1.

und die Geschwindigkeit der Vermehrung des wirksamen Prinzips gibt es bei anderen Viruskrankheiten keine vergleichbaren Erscheinungen. Soweit bekannt, sind die Bakterien unter den Thallophyten und sämtlichen nicht samenbildenden Pflanzen die einzigen Wirtszellen eines Virus. Sowohl von den meisten höher organisierten Zellen dieser Pflanzen-

---

* Herrn Prof. *Doerr* zum 70. Geburtstag gewidmet.
** Teil einer Habilitationsschrift zur Erlangung des Grades eines Dr. med. habil. in der Medizinischen Fakultät der Universität Berlin.

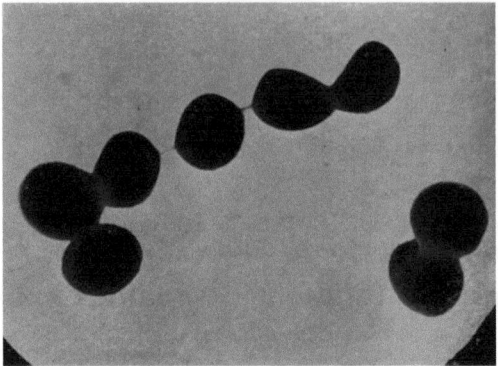

Abb. 2. 4651/40. Staphylokokken, $3^1/_2$std. Agarkultur. Zwischen einzelnen Kokken feine Verbindungsfäden von 10—20 mµ Stärke. Elektronenoptisch: 10000:1.

gruppe als auch von den Spermatophyten, an welchen die pflanzlichen Virosen zu beobachten sind, lassen sich die Bakterien durch ihren besonders einfachen Bau unterscheiden. Es fehlt ihnen, wie den Cyanophyceen,

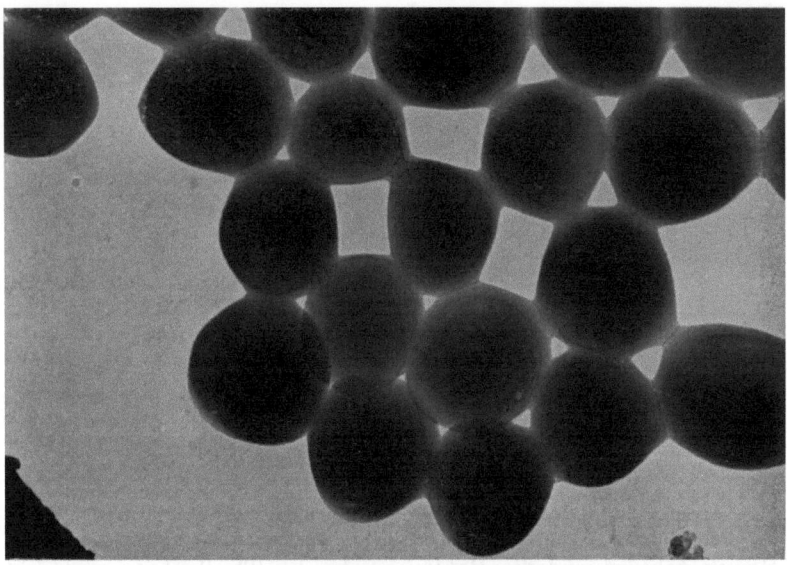

Abb. 3. 4676/40. Staphylokokken, 24std. Agarkultur. Zwischen einzelnen Kokken feine Trennungslinien von etwa 10 mµ Breite, und zwar sowohl zwischen aneinanderstoßenden Membranen, als auch innerhalb der Kokken an der Grenze zwischen Cytoplasma und Saftraum. Elektronenoptisch: 11000:1; Abb. 22000:1.

ein echter Zellkern und, in gleicher Weise wie diesen und den Eumyceten, ein Chloroplastenapparat.

Morphologische Befunde bei der bakteriophagen Lyse. 347

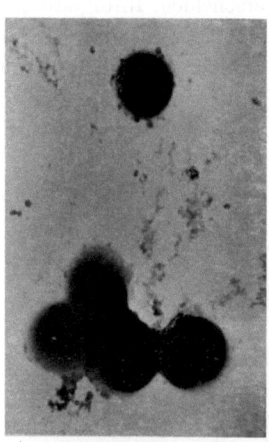

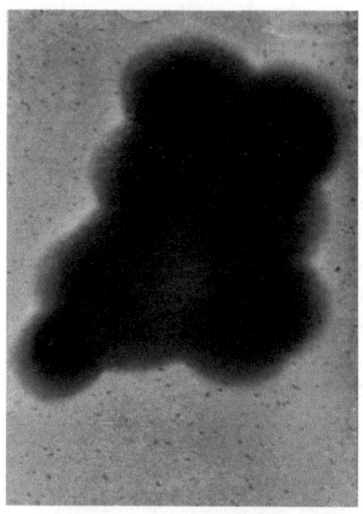

Abb. 4. 4463/40. Staphylokokken, 36std. Fleischwasserkultur. Teilweise abgehobene Membranen und kolloide Partikel.
Elektronenoptisch: 13000:1.

Abb. 5. 324/41. Enterokokken, 48std. Agarkultur, Zellen ohne jede Differenzierung, sehr feine und gleichmäßige kolloide Teilchen.
Elektronenoptisch: 11000:1; Abb. 22000:1.

Das Agens, welches die Erscheinungen der Bakteriophagie auslöst, wird heute von den meisten Autoren nach seinem physikalisch-chemischen Verhalten den hochmolekularen Proteinen zugerechnet,

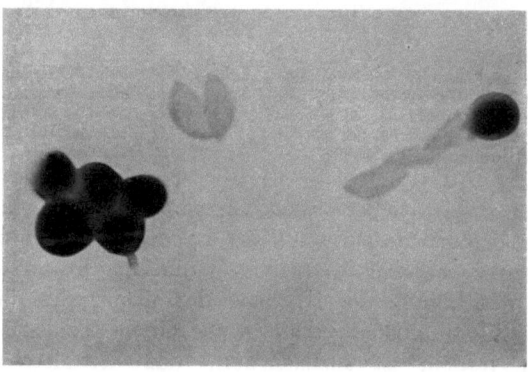

Abb. 6. 4819/40. Staphylokokken, 120std. Agarkultur. Völlig abgelöste und in Ablösung begriffene Membran. Elektronenoptisch: 12000:1.

obwohl dieses Verhalten allein nicht ausreicht, um die Proteinnatur zu beweisen.[1] Weder ist eine Kristallisation des **Phagenproteins** gelungen, noch ist nachgewiesen, daß die wirksamen Einzelteilchen selbst, wie die Elementareinheiten mancher Pflanzenviren, eine durch das Röntgendiagramm nachweisbare Kristallstruktur besitzen, durch die sie sich vom lebenden Protoplasma unterscheiden. Infolgedessen hat auch die Auffassung von *F. d'Herelle*, wonach die wirksamen Einheiten kleinste belebte Elemente sind, noch ihre Anhänger, während die bemerkenswerten Beobachtungen von *Ph. Kuhn*,[2] der in den „Phagen" die Sporen eines die Bakterien befallenden amöbenartigen Organismus (Pettenkoferien) sah, nur wenig Beachtung fanden. Weil die Phagen selbst keinen Fermentcharakter besitzen, wird zwischen ihnen und den bei der Lyse wirksamen lytischen Fermenten unterschieden, obwohl

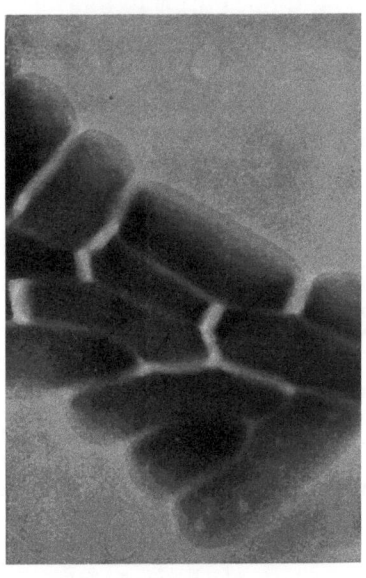

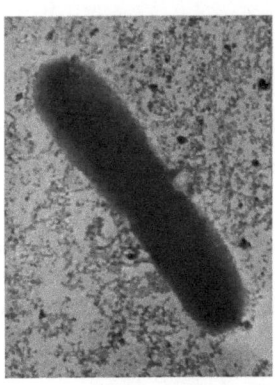

Abb. 7. 4494/40. Ruhrbakterien (*Flexner*), 3std. Fleischwasserkultur. In Teilung begriffene primäre Zellen, geringe Verdichtung der polaren Enden, Membran nicht sichtbar, reichlich kolloide Partikel. Elektronenoptisch: 10000:1

Abb. 8. 4808/40. Ruhrbakterien (*Flexner*), 15std. Agarkultur. Primäre Zellen zum Teil mit beginnender Ausbildung des Saftraumes. Elektronenoptisch: 12000:1.

ein getrennter Nachweis der beiden experimentell nicht sicher gelingt. Der genaue morphologische Verlauf der Lyse ist ebenso unbekannt wie der Mechanismus der Phagenvermehrung und der Ort, an welchem die Vermehrung stattfindet. Die Synthese der pflanzlichen Virusproteine scheint an die Chloroplasten gebunden zu sein.[3,4] Da den Bakterien die Chloroplasten fehlen, ist anzunehmen, daß der Mechanismus der Phagenvermehrung ein anderer ist, wie der der Virussynthese in höheren Pflanzen. Einheitlichkeit der Auffassung besteht darin, daß die bakteriophagen Elemente korpuskulär sind, worunter verstanden wird, daß sie nicht die Eigenschaften niedermolekularer Stoffe besitzen. Die bestbegründeten Durchmesserangaben schwanken aber um eine Größenordnung (8—90 mμ), d. h. um den beträchtlichen Faktor von

Morphologische Befunde bei der bakteriophagen Lyse. 349

1000 im Teilchengewicht. Auch über die Gestalt der Teilchen und die Frage ihrer Einheitlichkeit wissen wir nichts Sicheres.

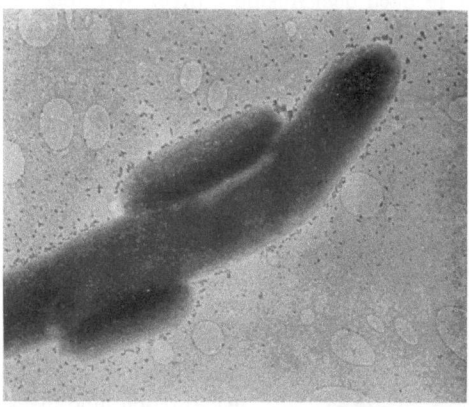

Abb. 9. 5583/40. Proteusbakterien, 72std. Agarkultur. Trotz des hohen Kulturalters primäre Formen, zwei Kurzstäbchen neben einem Schwärmfaden. Reichlich kolloide Teilchen. Elektronenoptisch: 12000:1.

Um auf einige der berührten Fragen Antwort zu finden, bedienten wir uns zur Untersuchung von Zellen aus phagenhaltigen Kulturen der Übermikroskopie nach *E. Ruska* und *B. v. Borries*.[5] In Erweiterung der

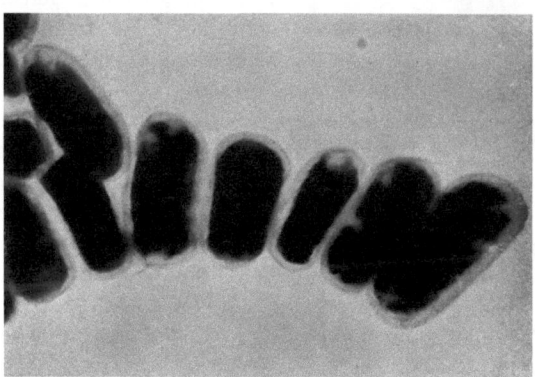

Abb. 10. 4807/40. Ruhrbakterien (*Flexner*), 15std. Agarkultur. Übergang zwischen primären und sekundären Zellen. Elektronenoptisch: 12000:1.

bei Virusproteinen[6] und Elementarkörpern[7] bisher gegebenen Möglichkeiten konnten infolge der Kleinheit der Bakterien die ganzen vom Virus befallenen Zellen abgebildet werden. Zugleich bestand die Aussicht, unabhängig davon, welche Größenangabe für die Phagen zutrifft, diese selbst morphologisch zu identifizieren.

Nach den herrschenden Vorstellungen war zu erwarten, daß die Phagenteilchen an den Bakterienoberflächen zunächst haften, dann in die Zellen eindringen und je nach dem Ausmaß ihrer Wirkung zu Änderungen der Wuchsformen,[8] zu Mutantenbildung[9] oder Zellauflösung führen. Die Phagenvermehrung war im Zellinnern, wahrscheinlich im Zusammenhang mit der Bildung einer intrazellulären Viruskolonie, zu suchen, aus der die Phagen nach lytischer Zerstörung der Bakterienmembran frei werden. Die Befunde, welche wir durch die übermikroskopische Abbildung erhoben haben, weichen jedoch in zahlreichen Einzelheiten von den erwarteten Ergebnissen ab. Sie werfen zudem eine Reihe neuer Fragen auf, die noch nicht endgültig beantwortet werden können, aber so wesentlich und neuartig erscheinen, daß sie jetzt schon zur Diskussion gestellt werden sollen.

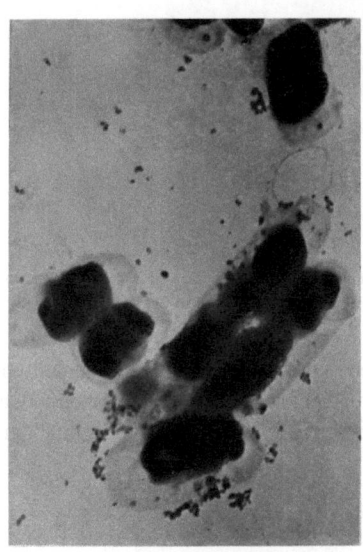

Abb. 11. 4468/40. Ruhrbakterien (*Flexner*), 36std.' Agarkultur. Typische sekundäre Zellformen. Kolloide Teilchen. Elektronenoptisch: 13000:1.

Es ist dazu notwendig, die Beobachtungen mit Abbildungen zu belegen, die wir aus mehreren 1000 Aufnahmen ausgewählt haben. Ihre große Zahl mag dadurch gerechtfertigt erscheinen, daß es mit einem beschränkten Bildmaterial nicht möglich ist, die Ergebnisse genügend anschaulich zu machen, und daß die meisten Virusforscher entsprechende Bilder noch nicht aus eigener Anschauung gewinnen können.

Die Fragen, welche uns vor allem beschäftigen sollen, betreffen:
1. den Bau der normalen Kulturbakterien,
2. die Veränderung der Bakterien bei der Lyse,
3. die Formelemente, welche als Phagen angesprochen werden können, und
4. die Beziehung dieser Elemente zu den Bakterienzellen.

Unsere Bilder gewannen wir aus Beobachtungen an Staphylokokken, Streptokokken, Enterokokken, Coli-, Ruhr-, Typhus- und Proteusbakterien sowie den dazugehörigen Phagenstämmen, für deren Überlassung ich den Herren Prof. *Doerr*, Basel, Prof. *Hallauer*, Bern, Geheimrat Prof. *Lentz*, Berlin, und Prof. *Schmidt*, Marburg, besonderen Dank schuldig bin. Die normalen Bakterienzellen entstammen Agar- oder Bouillonkulturen verschiedenen Alters, in denen sich die Zellen morphologisch gleich verhalten. Meist wurden sie vor dem Auftrocknen auf die Trägerfilme ein oder mehrere Male durch

Morphologische Befunde bei der bakteriophagen Lyse. 351

Sedimentieren in der Zentrifuge mit aq. dest. gewaschen, um sie von Salzen und anderen niedermolekularen Stoffen zu befreien, die sich bei der elektronenoptischen Abbildung störend auswirken. Das Waschen birgt bei der Untersuchung von Zellen aus phagenhaltigen Kulturen allerdings die Gefahr in sich, daß auch die Mehrzahl der gesuchten Phagen verlorengeht. Tatsächlich kann es schwer sein, zwischen der erforderlichen Reinigung der Präparate und der Beibehaltung der kleinsten, nicht gelösten Elemente die richtige Mitte zu finden.

Da die Untersuchung an aufgetrockneten Objekten erfolgt, ist stets die Frage zu prüfen, ob die sichtbar gewordenen Partikel im feuchten Zustand

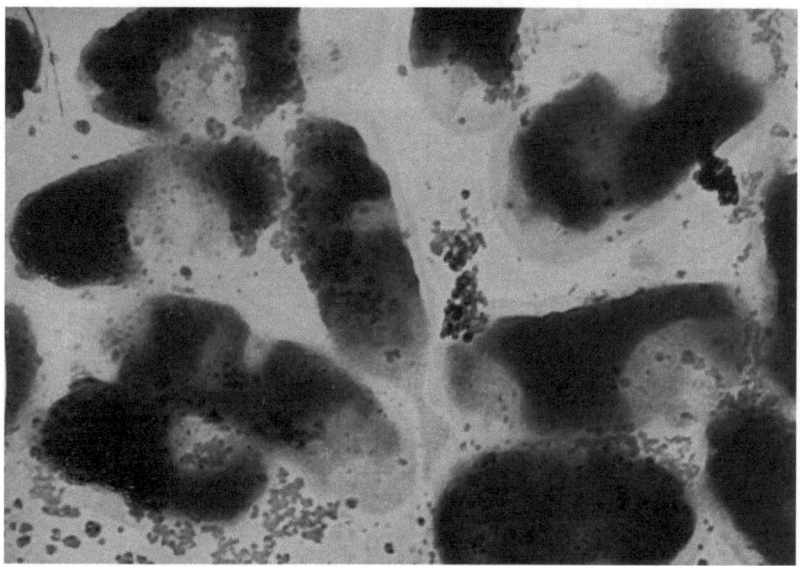

Abb. 12. 5585/40. Proteusbakterien, 72std. Agarkultur. Typische sekundäre Zellformen, zum Teil mit Erweiterungen des Saftraumes in der Zellmitte. Elektronenoptisch: 12000:1; Abb. 24000:1.

in gleicher Form vorhanden waren, oder ob sie beim Auftrocknen entstandene Auskristallisationen und Fällungen vorher gelöster Substanzen oder Aggregationen vorher suspendierter kleinerer primärer Teilchen sind. Diese Frage ist dann leicht zu entscheiden, wenn die Teilchen untereinander sehr gleich sind und eine Gestalt besitzen, die von Kristallformen und Aggregatbildungen abweicht, wie es bei gewissen, später zu besprechenden Formelementen der Fall ist. Mit der Bildung von Farbniederschlägen war nicht zu rechnen, da Färbemaßnahmen unterblieben.

Eine fortlaufende Beobachtung von Lebensvorgängen im flüssigen Medium, die Formumwandlungen und Bewegungsvorgänge unmittelbar verfolgen ließe, ist methodisch nicht durchführbar. Der Verlauf der Bakterienauflösung muß daher aus zahlreichen Einzelbildern erschlossen werden. Diese wurden von Zellen aus Fleischwasserkulturen gewonnen, in welchen — im Gegensatz zum festen Nährboden — die einzelnen Keime sehr gleichmäßigen Umweltbedingungen ausgesetzt sind. Dabei wurden die Phagen den Kulturen nach kurzer Bebrütung, bei beginnender Trübung des Nährmediums oder schon gleich bei der Bakterieneinsaat zugesetzt. In verschiedenen Zeitabständen wurden Proben der in Auflösung übergehenden Kulturen nach vorheriger Fixierung oder auch ohne diese entnommen und gewaschen. Fixiert man nicht, so ist zu berücksichtigen, daß die Zellauflösung während

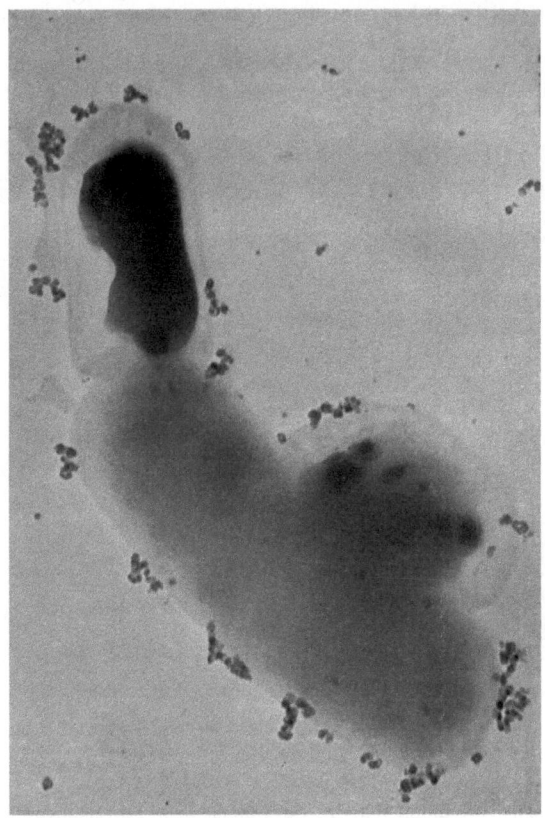

Abb. 13.
Abb. 13 und 14. 4470/40 und 4471/40. Ruhrbakterien (*Flexner*), 36std. Agarkultur. Sekundäre

der Reinigungsmaßnahmen fortschreitet. Wo in den Bildunterschriften eine Fixierung nicht angegeben ist, handelt es sich um unfixierte Objekte. U. Kottmann[10] hat von festen Nährböden taches vierges aus Colikulturen durch die Anfertigung von Klatschpräparaten untersucht. Dabei lassen sich gewisse Schwierigkeiten umgehen, welche die Untersuchung von Material aus flüssigen Nährmedien mit sich bringt.

Vom Bau der normalen Kulturbakterien ist folgendes elektronenoptisch zu erkennen: Kokken- und Bakterienzellen aus jungen Kulturen, wie sie für den Lyseversuch angewendet werden, erscheinen im Übermikroskop meist gleichmäßig dicht, mehr oder weniger schwarz, ohne regelmäßige Differenzen der Massenaufteilung, ohne auffallende Feinstruktur und mit meist nur schwer erkennbarer Membran (Abb. 1—9). Bezüglich der Einzelheiten der Abbildungen vgl. man die Bildunterschriften. Die Bakterien entsprechen cytologisch den *primären* Zell-

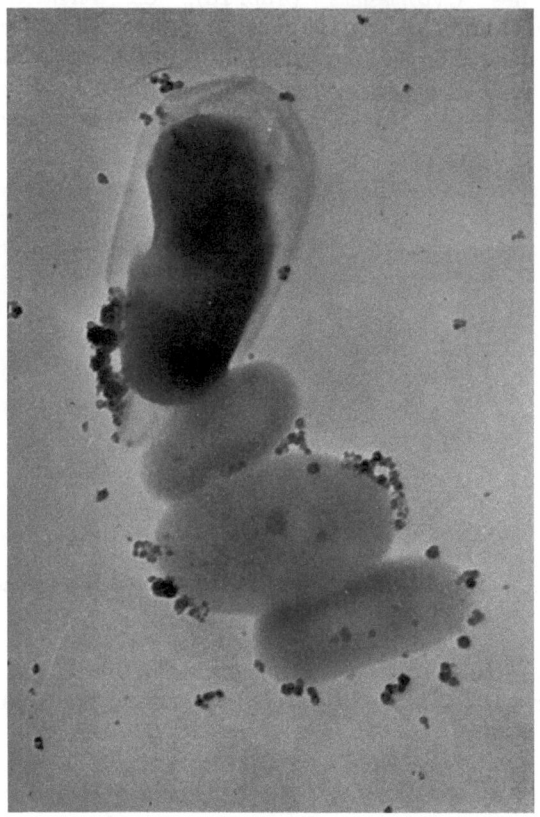

Abb. 14.
und tertiäre Zellen mit kolloiden Teilchen. Elektronenoptisch: 13000:1; Abb.: 26000:1.

formen von *G. Piekarski*,[11] in denen sich durch die Feulgenreaktion und Ultraviolettabsorption lichtoptisch *zwei* Thymonukleinsäure enthaltende Bezirke („Nucleoide") nachweisen lassen. Wenn die anfänglich rasche (logarithmische) Zellvermehrung in der Kultur nachläßt, lassen sich elektronenoptisch Feinheiten des Zellaufbaues besser erkennen. Es kommt zu einer Plasmolyse, durch welche die bei der Eintrocknung häufig Falten werfende Membran als morphologische Differenzierung der Zelloberfläche sichtbar wird (Abb. 10—15). Der bei diesen Zellformen zwischen Membran und Cytoplasma liegende Raum ist in frischem

Zustand der Zellen wahrscheinlich von einem wässerigen Zellsaft ausgefüllt. Er ist oft an den Zellenden besonders ausgeprägt (Abb. 11, 13, 14), kann aber auch seitlich liegende Erweiterungen zeigen (Abb. 12). Außer diesem Saftraum gibt es aber auch geschlossene Vakuolen innerhalb des Cytoplasmas (Abb. 18), die vergleichend morphologisch zur Vakuolenbildung bei höheren Pflanzen in Beziehung gesetzt werden können. Bewegungsvorgänge, die im lichtoptischen Dunkelfeld innerhalb der Bakterien zu sehen sind, werden sich vor allem im Saftraum abspielen. Die cytoplasmatische Substanz der Zellen aus

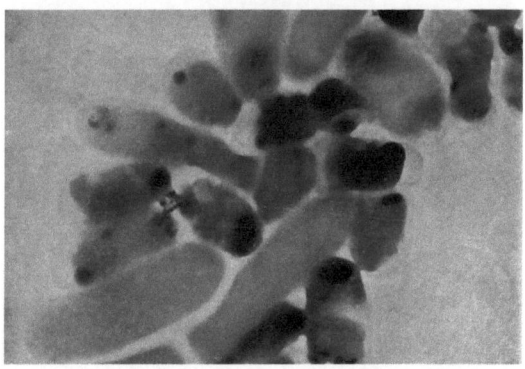

Abb. 15. 4812/40. Ruhrbakterien (*Flexner*), 63std. Agarkultur. Sekundäre und Übergänge zu tertiären Zellen. Elektronenoptisch: 12000:1.

älteren Kulturen ist elektronenoptisch sehr dicht und läßt lichtoptisch nur noch *ein* zentral gelegenes Nucleoid nachweisen. Wir bezeichnen sie mit *Piekarski* als *sekundäre* Formen. Mit dem weiter fortschreitenden Alter der Kultur entwickeln sich aus den sekundären Zellen meist kleinere Formen, deren Cytoplasma nach dem elektronenoptischen Bild den gesamten Innenraum der Membran einnimmt, im ganzen weniger dicht ist, aber häufig ein oder mehrere Verdichtungszentren zeigt (Abb. 13—17). Wir bezeichnen sie vorläufig als tertiäre Zellformen, halten es aber für wahrscheinlich, daß diese Gruppe noch weiter aufgespalten werden muß. Übergänge zwischen den verschiedenen Zuständen sind auf den Abb. 10, 13 und 15 zu sehen. Bei Proteusbakterien ist die Aufeinanderfolge der verschiedenen Formentypen weniger streng (Abb. 9, 12, 18), auch an Kokken läßt sie sich nicht so klar verfolgen. Die nur noch einen sehr schwachen Schatten gebenden Zellen (Abb. 17) sind möglicherweise abgestorben. Wir können an den Bildern zwischen Cytoplasma, Saftraum und Membran leicht unterscheiden und schlagen vor, die Begriffe Entoplasma und Ektoplasma von *Zettnow* fallen zu

Morphologische Befunde bei der bakteriophagen Lyse. 355

lassen. Innerhalb des Cytoplasmas können außerdem Verdichtungszentren und Vakuolen beobachtet werden (Abb. 18).

Daß die unter bestimmten Voraussetzungen in den Bakterien auftretenden kugeligen Zelleinschlüsse (Abb. 14—18) mit den lichtoptisch

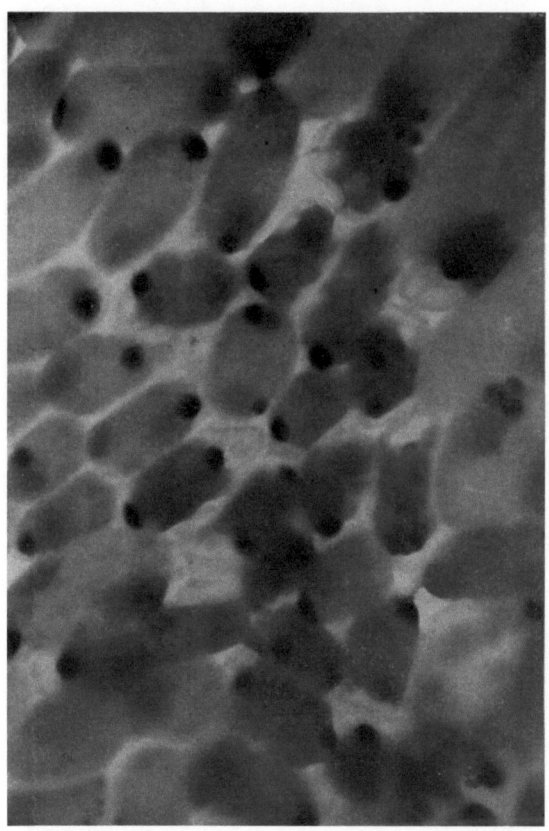

Abb. 16. 4815/40. Ruhrbakterien (*Flexner*), 63std. Agarkultur. Tertiäre Zellen mit strahlenempfindlichen, zum Teil beginnende Zerstörung zeigende Granulationen. Elektronenoptisch: 12000:1; Abb. 18000:1.

nachgewiesenen Nucleoiden in irgendeinem Zusammenhang stehen, wie wir früher annahmen,[12] ist unwahrscheinlich geworden. Elektronenoptisch sichtbare Einschlüsse fehlen gerade in Zellen aus jungen Kulturen, wo lichtoptisch regelmäßig Nucleoide nachzuweisen sind. Dagegen haben die elektronenoptisch sichtbaren Verdichtungszentren möglicherweise zu Granulabildungen bei Tuberkelbazillen, die wir an anderer Stelle beschrieben haben,[13] und zu Polkörpern bei Diphtheriebazillen (Abb. 19 und 20) Beziehungen. Sie stimmen mit diesen darin überein, daß sie durch starke Elektronenbestrahlung zerstört werden. Offenbar bestehen sie aus Substanzen, die sich bei der Bestrahlung zersetzen und bei höheren Temperaturen im Vakuum flüchtig sind. Die Abb. 21 und 22 zeigen auch bei Streptokokken strahlenempfindliche

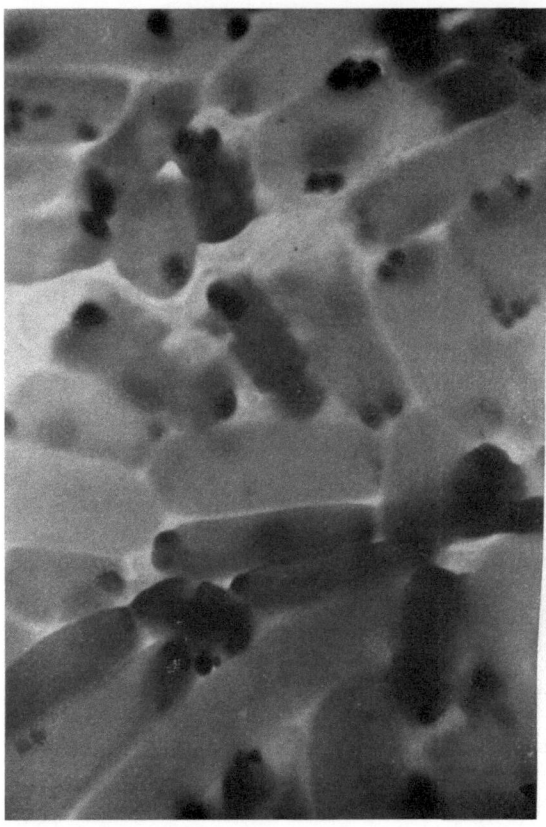

Abb. 17. 4811/40. Ruhrbakterien (*Flexner*), 63std. Agarkultur. Tertiäre Zellen teils mit, teils ohne Granulationen. Letztere bestehen entsprechend ihrer geringen Schwärzung im wesentlichen nur noch aus den Membranen und sind möglicherweise abgestorben. Elektronenoptisch: 12000:1; Abb. 18000:1.

Gebilde, wie wir sie bei Ruhrbakterien sahen (Abb. 16, 17). Die Begrenzung der Einschlüsse erscheint besonders scharf. Sie heben sich zunächst durch ihre größere Dichte vom übrigen Cytoplasma ab und werden nach intensiver Bestrahlung als Aussparungen sichtbar. Sie gleichen hierin auch den Polkörpern der Diphtheriebazillen (Abb. 19 und 20). Falls die undurchstrahlbaren primären und sekundären Zellformen strahlenempfindliche Einschlüsse enthielten, müßten diese bei starker Bestrahlung als Lücken sichtbar werden.

Von einem Kernäquivalent (Nucleoid), wie es sich lichtoptisch auf Grund der Feulgenreaktion und durch die Ultraviolettabsorption nachweisen läßt, ist elektronenoptisch in der Regel nichts zu sehen. Vielleicht liegen die Abbildungsverhältnisse ähnlich wie bei der Betrachtung von Leukocyten, Malariaplasmodien und Trypanosomen,[14] die aus Citratblut mit Os_2O_3 fixiert wurden. Auch in diesen Zellen ist im Gegensatz zu zahlreichen anderen (z. B. unfixierten kernhaltigen roten Blutkörperchen) elektronenoptisch häufig der Kern gegenüber dem Protoplasma nicht so abzugrenzen, wie es

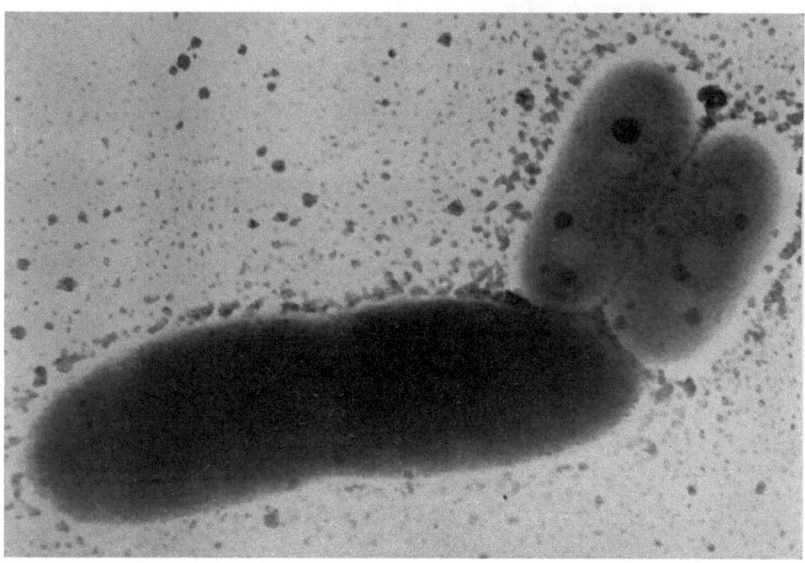

Abb. 18. 5594/40- Proteusbakterien, 3std. Fleischwasserkultur. Zellen mit Vakuolen (tertiäre Formen?) neben primärer Zelle. Elektronenoptisch: 12000:1; Abb. 24000:1.

dem von der Lichtmikroskopie gewohnten Bild entspricht. In der Massendicke besteht dann an der Grenze der beiden Zellbestandteile kein Unterschied, der ausreicht, um Schwärzungsunterschiede im Bild zu ergeben. Vielleicht wird es einmal möglich sein, ihn durch präparative Maßnahmen herbeizuführen. Bisher geben die Bilder keine positiven Aufschlüsse zum Problem des Kernäquivalents, dagegen bestätigen sie die Berechtigung zur Unterscheidung von primären und sekundären Zellformen.

Die biologische Bedeutung der Zellumwandlungen ist in einer Anpassung an die mit dem Alter der Kultur schlechter werdenden Lebensbedingungen zu sehen. Bei den jungen primären Zellen besteht ein inniger Kontakt zwischen Cytoplasma und Membran (Abb. 7); beim Übergang zu den sekundären Formen trennt sich die Membran vom Cytoplasma (Abb. 10), bis ein breiter Saftraum entsteht (Abb. 11). Der Stoffaustausch mit dem Nährmedium findet bei diesen Zellen unter veränderten inneren Bedingungen statt. Die tiefe Schwärzung des Cytoplasmas

358   H. Ruska:

(Abb. 11) läßt auf besondere Dichte schließen. In Übereinstimmung damit sinken die sekundären Zellen in Bouillonkulturen bevorzugt auf den Boden. Bei den tertiären Formen ist im Cytoplasma selbst eine Umorganisation vor sich gegangen, die möglicherweise in der Anhäufung

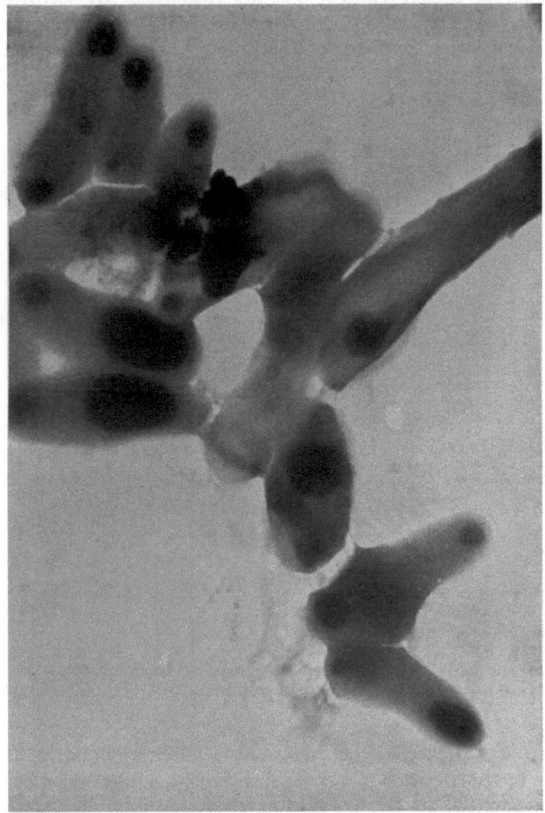

Abb. 19.
Abb. 19 und 20. 2112/41, 2113/41. Diphtheriebakterien mit Polkörpern nach

von Reservestoffen an den strahlenempfindlichen Punkten besteht; vielleicht sind es aber auch Stoffe, die einem Verbrauch besonders lange widerstehen. Im ganzen haben die Zellen stark an Substanz verloren (Abb. 16 und 17). In welcher Weise sich bei Einsaat auf frischem Nährboden die tertiären bzw. sekundären Formen wieder in primäre zurückverwandeln, haben wir nicht verfolgt. Es ist bekannt, daß in Abhängigkeit vom Alter der übertragenen Keime die logarithmische Wachstumsphase in ungleichen Zeiten (Latenzzeit) erreicht wird.[15] Die verschiedenen Zustandsformen der inneren Organisation der Bakterienzellen sind bei der Beurteilung der Frage, warum Bakterien aus jungen Kulturen den Einwirkungen der Phagen und insbesondere der Lyse leichter erliegen als solche aus älteren Kulturen, zu berücksichtigen. *Jensen*[15] hat dies bei lichtmikroskopischer Beobachtung schon getan. Nährstoffmangel

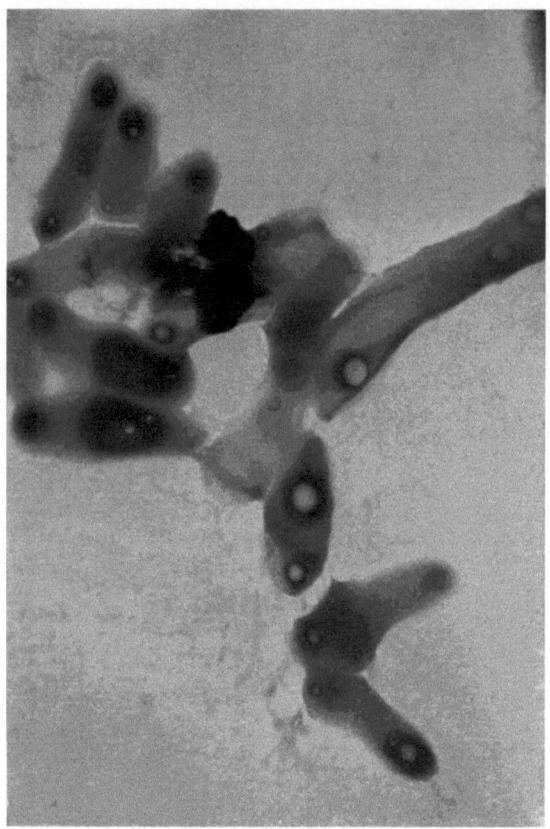

Abb. 20.
schwacher und intensiver Bestrahlung. Elektronenoptisch: 11000:1; Abb. 16500:1.

allein führt nicht zu den beschriebenen Veränderungen, wahrscheinlich wirken zelleigene Stoffwechselprodukte als auslösendes Agens mit. In 1:1000 oder stärker verdünntem Fleischwasser vermehren sich die Zellen zwar nur langsam, behalten aber längere Zeit die primäre Form bei. Die gegen die Einwirkung der Bakteriophagen resistenten Keime gehören ebenfalls noch diesem Typus an.

Die Veränderung der Bakterien bei der Lyse betreffen vor allem die primären Zellen als die zahlenmäßig weit überwiegende Form in jungen Fleischwasserkulturen. Seit *d'Herelle*s lichtmikroskopischen Beobachtungen ist bekannt, daß zunächst eine Quellung eintritt,* der sehr plötzlich die Auflösung folgt. *Bayne-Jones* und *Sandholzer*[16] haben den Vorgang mikrokinematographisch festgehalten und für Colibakterien ge-

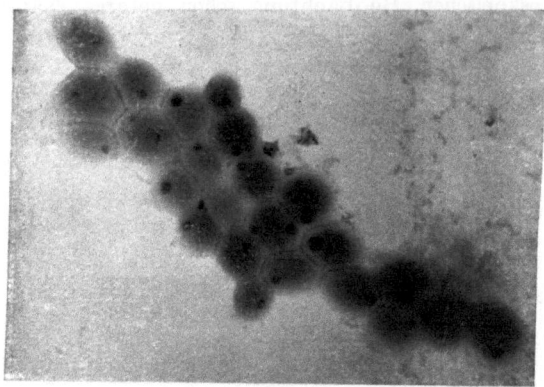

Abb. 21.

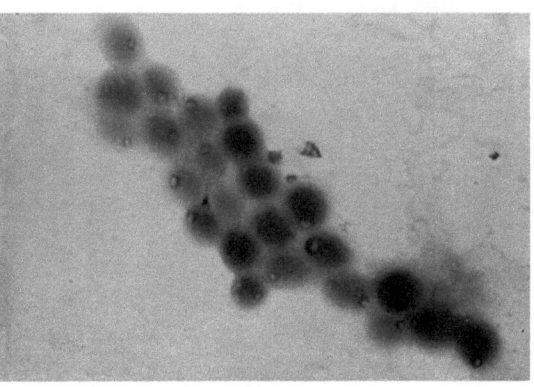

Abb. 22.

Abb. 21 und 22. 6118/40, 6119/40. Streptokokken mit strahlenempfindlichen Einschlüssen. Elektronenoptisch: 12000:1.

funden, daß die Zellen in Bruchteilen von Sekunden zerfallen. Besonderheiten über Veränderungen im Zellinnern oder an der Membran sind auf ihren Bildern nicht zu sehen.** Bei der außerordentlich raschen Zerstörung der Bakterien sind in einem gegebenen Augenblick immer nur wenig Zellen im Zerfall begriffen. Elektronenoptisch findet man in Übereinstimmung hiermit in Fleischwasserkulturen, deren Zellgehalt

---

* Eine Ausnahme macht Bacillus megatherium, [16].

** Die Abbildungen von *E. Gjørup*, Kopenhagen (1925), sind mir leider nicht zugänglich geworden.

Morphologische Befunde bei der bakteriophagen Lyse. 361

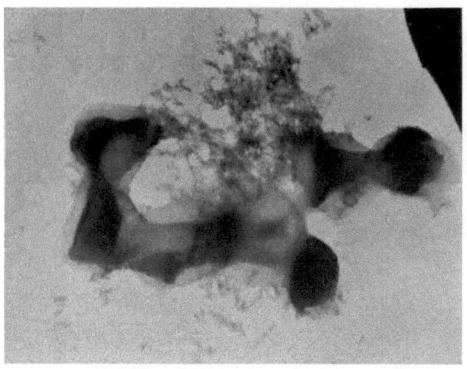

Abb. 23. 4896/40. Staphylokokken, kurz nach Zusatz eines Lysats. Elektronenoptisch: 14000:1.

durch die Lyse bereits in Abnahme begriffen ist, vorwiegend unverändert erscheinende, dichte primäre Zellen. Veränderte Zellen treten diesen gegenüber zurück. Besonders Staphylokokken zeigen bei verschieden

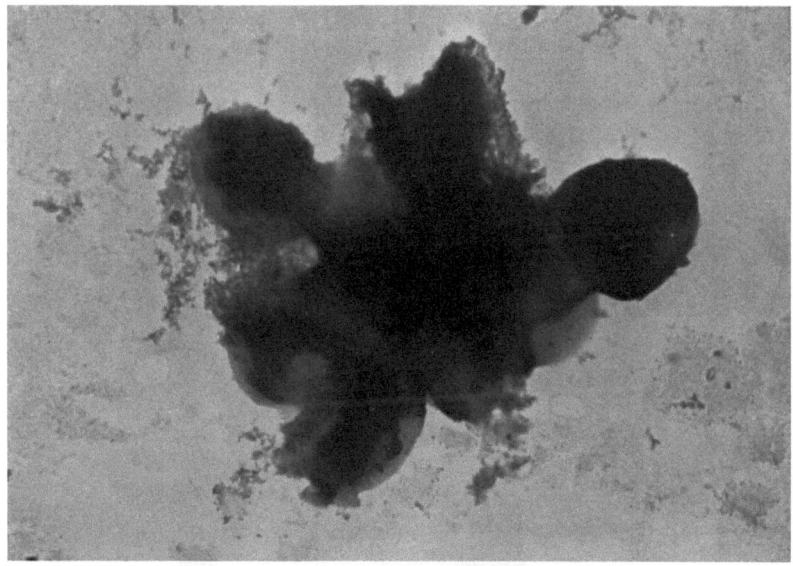

Abb. 24. 5134/40. Staphylokokken, beginnende Lyse der Kultur. Elektronenoptisch: 23000:1; Abb.: 34000:1.

weit fortgeschrittener Lyse ein auffallend einförmiges Bild (Abb. 23 bis 26). Von den neben den Bakterien liegenden Formelementen soll zunächst noch abgesehen werden. Gelegentlich fallen Zellen auf, in denen

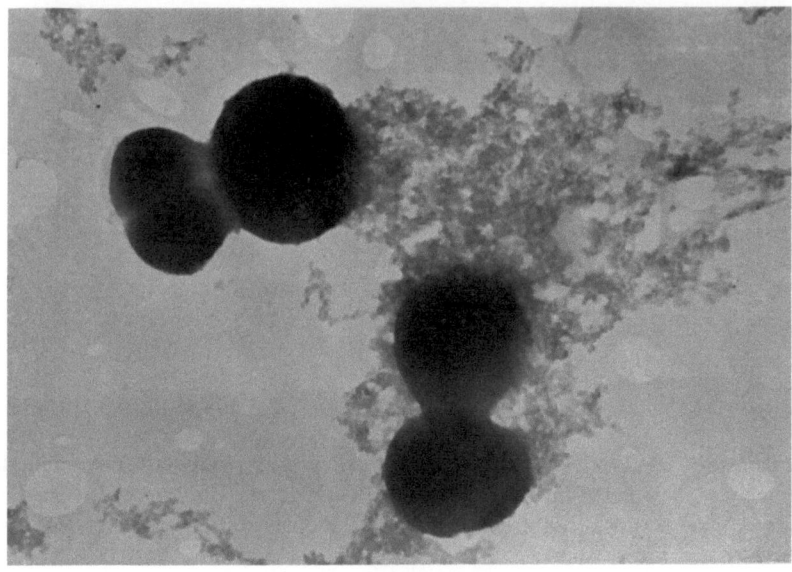

Abb. 25. 4891/40. Staphylokokken, fortgeschrittene Lyse der Kultur. Ungleiche Kokkengröße. Elektronenoptisch: 11000:1; Abb.: 22000:1.

sich das Cytoplasma innerhalb der Membran in tetraederartiger Form zurückgezogen hat (Abb. 23, 24). In späteren Stadien der Lyse findet

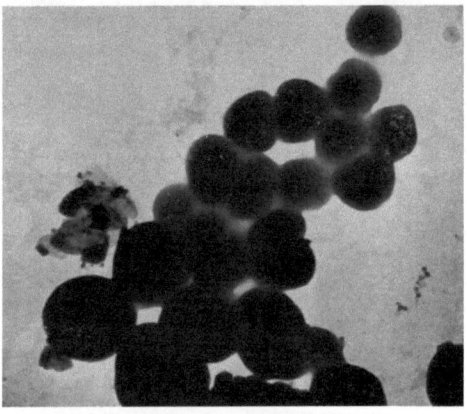

Abb. 26. 5265/40. Staphylokokken, fast vollkommene Lyse der Kultur. Besonders ungleiche Größen der Kokken, die der Auflösung nicht anheimfielen. Elektronenoptisch: 8300:1.

man abnorme Unterschiede der Kokkengröße, wie sie *Sander*[17] beschrieben hat. Wahrscheinlich ist der Teilungsmechanismus bei den abnorm großen Zellen durch die Phagen oder Stoffwechselprodukte, die bei der Lyse auftreten, gestört (vgl. Abb. 1—6 mit Abb. 25 und 26).

Bei Bakterien sind die Bilder der Zellen aus lytischen Kulturen vielgestaltiger. Neben unveränderten Zellen findet man solche, deren Umgrenzung überall verschwommen erscheint (Abb. 27, 28) oder stellenweise vollkommen zerfließt (Abb. 29, 30). Auch Zellen, die stark gequollen erscheinen, können beobachtet werden (Abb. 31, 32), und schließlich solche, an denen die Membran zwar teilweise noch deutlich sichtbar, polar (Abb. 33) oder seitlich (Abb. 34, 35) aber so zerstört ist, daß der Zellinhalt austritt. Die Zellen sind vor der Auflösung besser durch-

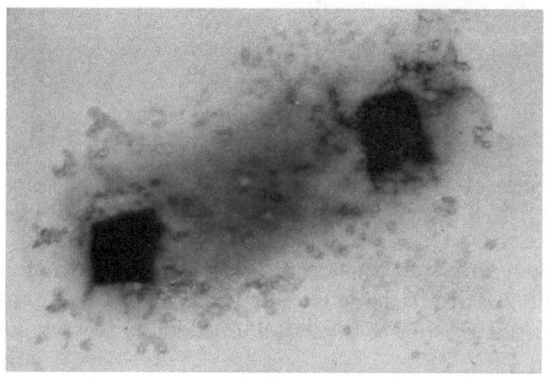

Abb. 27. III 138/39. Colibakterium, beginnende Lyse der Kultur. Elektronenoptisch: 14000:1; Abb.: 21000:1.

strahlbar, d. h. sie verlieren schon vor der völligen Zerstörung an Substanz. Wo mehr oder weniger punktförmige Elemente auftreten, liegen diese neben und auf, bzw. unter den Zellen. Regelmäßig sich wiederholende morphologische Besonderheiten, die im Sinne einer intrazellulären Viruskolonie gedeutet werden könnten, sind im Innern nicht zu sehen.

Formelemente, welche als Phagen angesprochen werden können, sieht man neben den Bakterien in großer Zahl (Abb. 23—25, 27—34). Die mit den gesuchten Phagen etwa übereinstimmende Größe genügt aber nicht, um sie als die bei der Lyse wirksamen Einheiten zu bezeichnen. Schon in Kulturen, an welchen niemals Erscheinungen der Bakteriophagie beobachtet wurden, findet man Teilchen kolloider Größe (Abb. 4, 5, 7, 9, 11—14, 18). Es kann sich dabei um Stoffwechselprodukte handeln, die durch die Bakterienmembran in ähnlicher Weise wie die Kapselsubstanz[18] abgeschieden werden,[19] oder auch um Nährbodenbestandteile. Bei genauer Beobachtung lassen sich nach der Form und dem Verhalten im Elektronenstrahl verschiedenartige Teilchen unterscheiden.

Auskristallisierte Substanzen aus dem Nährmedium sind, wenn die Kristallbildung nicht zu klein ist, leicht zu erkennen und scheiden als fragliche Phagen aus (Abb. 36). Einen Hinweis darauf, welche Teil-

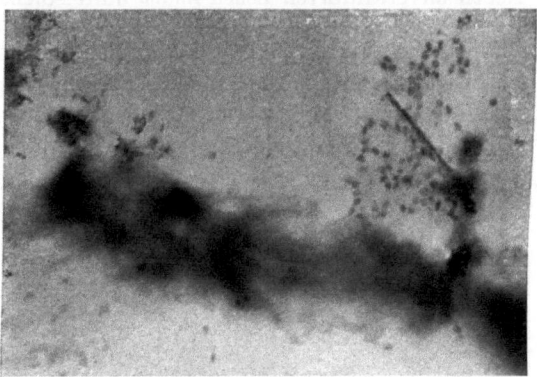

Abb. 28. 4612/41. Ruhrbakterien, beginnende Lyse der Kultur. Zahlreiche diplokokkenähnliche d'Herellen rechts im Bild. Osmiumfixation. Elektronenoptisch: 15000:1.

chen als Phagen angesprochen werden können, hofften wir in der Adsorption an die Zelloberfläche zu finden. Allerdings kann man nie sicher sein, ob die an der Oberfläche liegenden Partikel nicht erst bei der Auf-

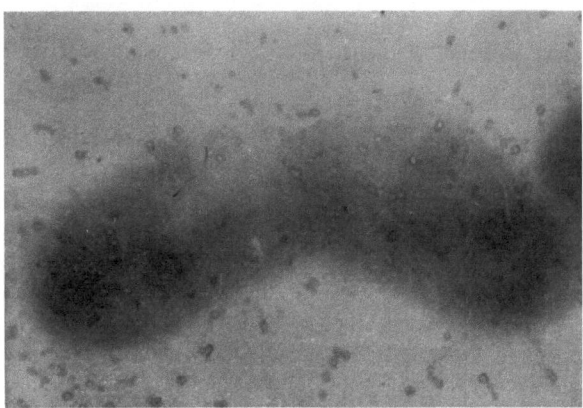

Abb. 29. 1825/40. Typhusbakterien, beginnende Lyse der Kultur. Elektronenoptisch: 12000:1; Abb.: 18000:1.

trocknung in Bakteriennähe abgelagert wurden. Als ersten auffallenden Befund stießen wir in phagenhaltigen Colikulturen[20] auf verschieden große, zur Aggregation neigende kugelige Gebilde, die bei der Elektronenbestrahlung zerstört wurden (Abb. 37, 38). Auch in Reinpräparaten von Phagen[21] waren sie zu finden. Die kompakten Teilchen verwandeln sich bei der Zersetzung in Ringe (Abb. 27, 29—32) und zwar so, daß

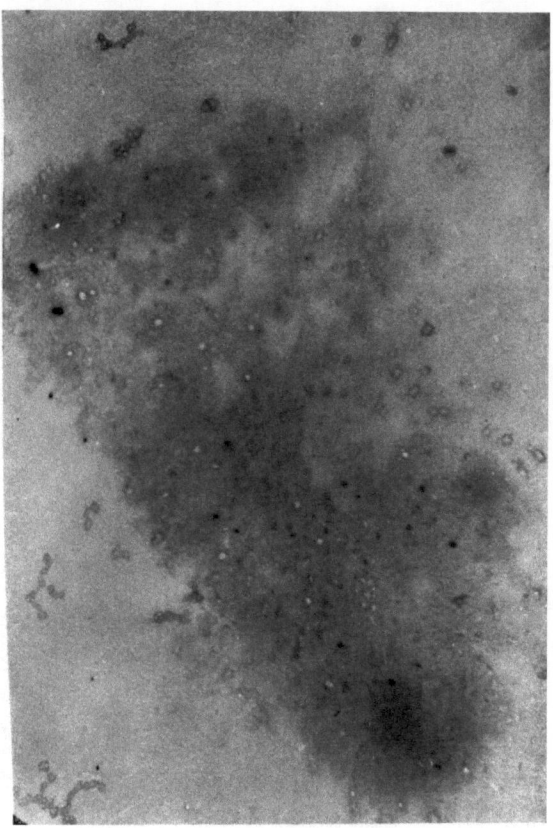

Abb. 30. 1865/40. Colibakterium, fortgeschrittene Lyse der Kultur. Elektronenoptisch: 15000:1; Abb.: 22500:1.

größere Teilchen zunächst mehrere Ringe bilden und dann zu einem verschmelzen (Abb. 31 und 32). Ihre Strahlenempfindlichkeit schien auf chemische Beziehungen zu den sich ähnlich verhaltenden Zelleinschlüssen (Abb. 15—17, 19—22) hinzuweisen, in denen wir anfänglich Kernäquivalente vermuteten. Außer in Colikulturen fanden wir solche Teilchen bei Typhus- und Ruhrbakterien, während bei Staphylokokken kleinere und weniger strahlenempfindliche Gebilde auftraten (Abb. 23—25). Aus der Art der Zusammenlagerung und der verschiedenen Größen der Einzelteilchen ist eine starke Aggregationsneigung ersichtlich. *Bloch*[22] hat bei

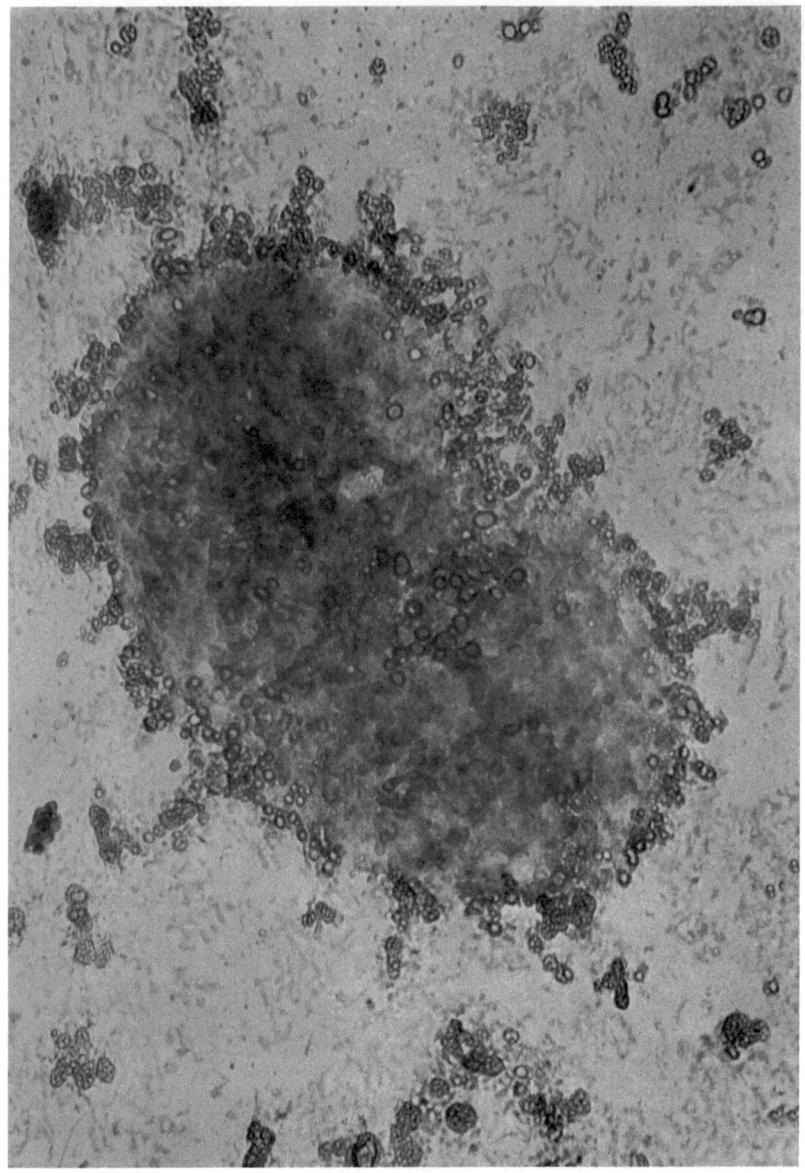

Abb. 31. 1797/40. Colibakterium, beginnende Lyse der Kultur Elektronenoptisch: 18000:1; Abb.: 36000:1.

der Beobachtung seines Potenzierungseffekts, der beim Durchschäumen phagenhaltiger Bouillon auftritt, indirekt auf eine Neigung zur Aggregatbildung geschlossen. Die bevorzugte Lagerung der strahlenempfind-

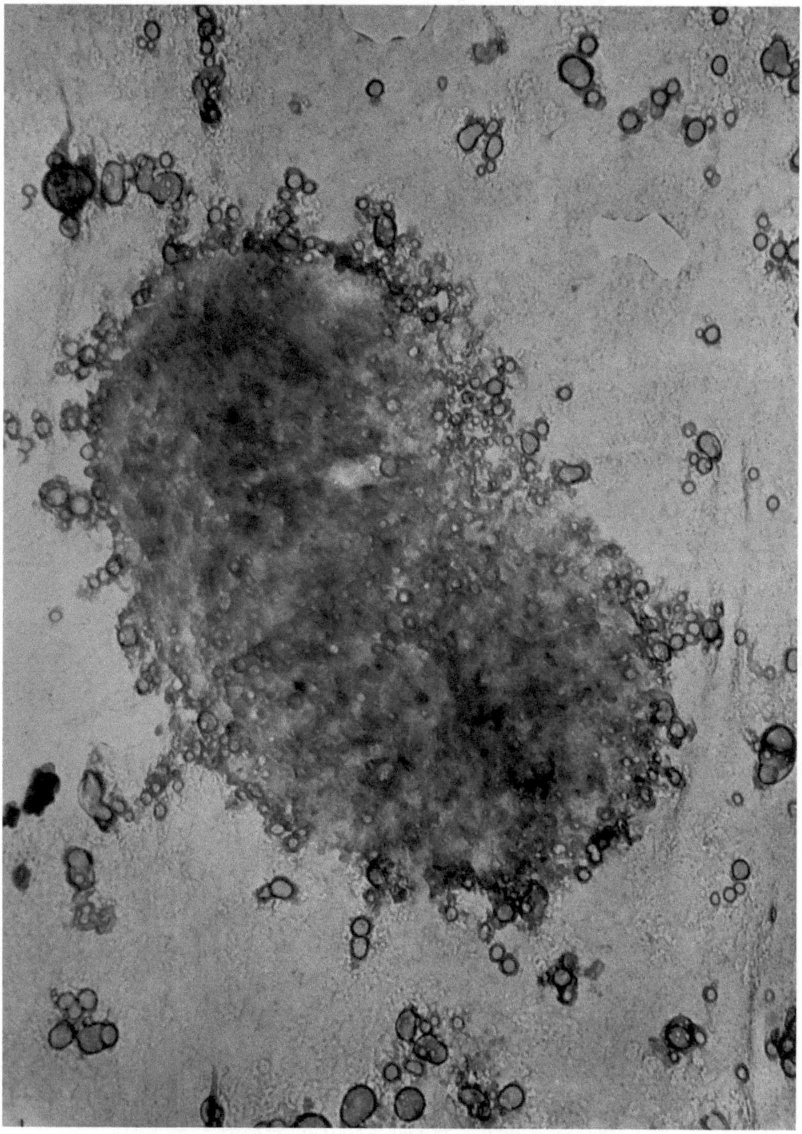

Morphologische Befunde bei der bakteriophagen Lyse. 367

Abb. 32. 1708/40. Dieselbe Zelle wie Abb. 31, stärker bestrahlt.

lichen Partikel an der Zelloberfläche, ihr Auftreten in Phagenreinpräparaten und die Bildung der Aggregate sprachen dafür, daß hier das „Phagenprotein" vorliegt.

Weitere Beobachtungen zeigten aber eine Gruppe andersartiger,

368   H. Ruska:

möglicherweise zusammengehöriger Formelemente, die ebenfalls Phagen sein konnten (Abb. 39—57). Ein besonders auffallendes wurde schon kurz beschrieben.[23] Sie sind so eigenartig, daß sie bei der weiteren Beobach-

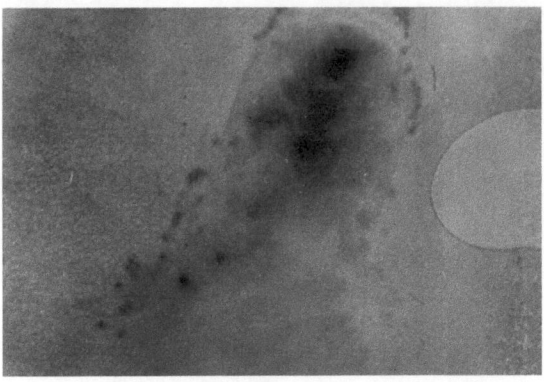

Abb. 33. 4617/41. Ruhrbakterium, beginnende Lyse der Kultur. d'Herellen an der Zellmembran. Osmiumfixation. Elektronenoptisch: 15000:1.

tung der Bakteriophagie und bei allen theoretischen Erörterungen nicht übergangen werden können. Gemeinsam ist ihnen, im Gegensatz zu den bisher beschriebenen Formen, die weitgehende Gleichheit der Einzel-

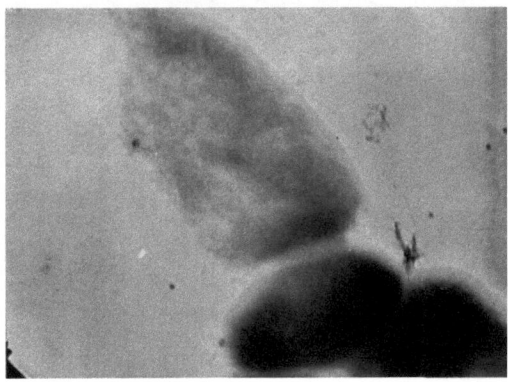

Abb. 34. 4078/40. Ruhrbakterien, deutliche Lyse der Kultur. Zwei keulenförmige d'Herellen verschwommen sichtbar. Elektronenoptisch: 25000:1.

teilchen und diesen wiederum eine Gestalt, die darauf schließen läßt, daß die Teilchen aus verschiedenen Bestandteilen aufgebaut sind. Sie sind nicht Aggregate gleichartiger, kleinerer Grundbausteine, wie die pflanzenpathogenen Virusproteine. Ihr Auftreten in taches vierges[10] bestärkte uns darin, sie mit den Erscheinungen der Bakteriophagie in engen Zusammenhang zu bringen. Da aber ebensowenig wie bei den vorher beschriebenen Elementen quantitativ der Nachweis erbracht ist, daß

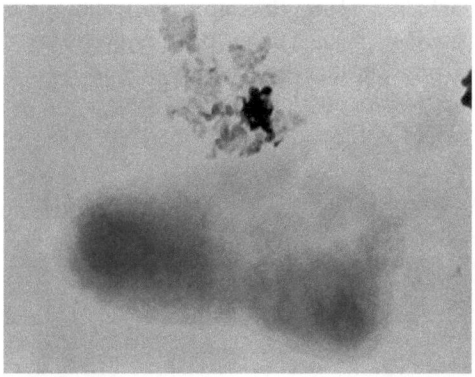

Abb. 35. 4077/40. Ruhrbakterium, deutliche Lyse der Kultur. Elektronenoptisch: 25000:1.

sie die kleinste übertragbare Einheit beim Phänomen der Lyse darstellen, können sie vorläufig so wenig wie diese mit Sicherheit als die gesuchten Phagen bezeichnet werden. Wir haben sie jedoch bisher nur bei der

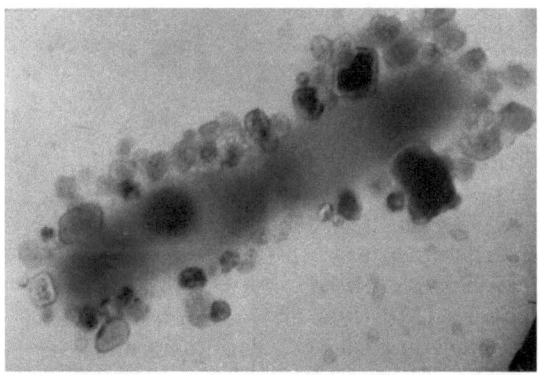

Abb. 36. 1833/40. Typhusbakterien, beginnende Lyse der Kultur. Auskristallisation von Salzen um die Zellen. Elektronenoptisch: 10000:1; Abb.: 15000:1.

Bakteriophagie beobachtet und werden sie daher in Würdigung der Verdienste von *F. d'Herelle*, dessen Arbeiten die Phagenforschung ins Leben gerufen haben, als „d'Herellen" bezeichnen. Eine Identifizierung mit den Phagen oder eine Deutung über die belebte oder unbelebte Natur dieser Gebilde vorwegzunehmen, beabsichtigen wir mit dieser Benennung zunächst noch nicht.

Nach der verschiedenen Gestalt sind kugelförmige (Abb. 39—46), keulenförmige (Abb. 45—55) und stäbchenförmige (Abb. 55—57) d'Herellen zu unterscheiden, deren Gesamtgröße recht verschieden ist. Den Bakteriologen werden sie an Kokken oder Diplokokken, sporentragende Tetanusbazillen und Diphtheriebazillen mit Polkörpern erinnern, wobei die Abmessungen jedoch erheblich kleiner sind. Auf Abb. 28, 33 und 34 waren neben den in Auflösung begriffenen Ruhrbakterien kugelförmige

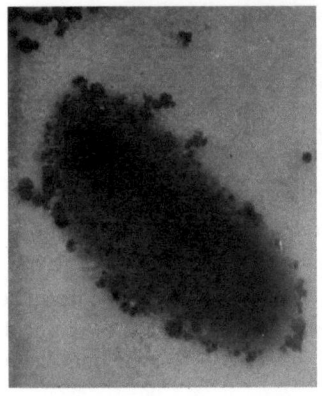
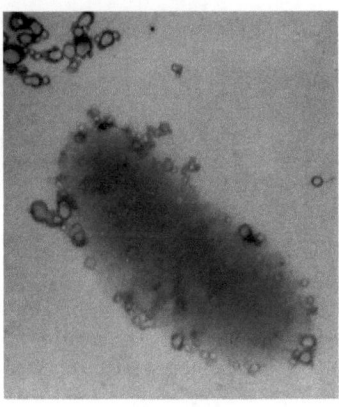

Abb. 37. 1725/40. Colibakterium aus phagenhaltiger Fleischwasserkultur mit angelagerten strahlenempfindlichen, aber noch nicht sichtbar veränderten Partikeln.
Elektronenoptisch: 15000:1.

Abb. 38. 1728/40. Dieselbe Zelle wie Abb. 37 nach starker Bestrahlung; vgl. auch Abb. 31 und 32.

bzw. keulenförmige d'Herellen schon zu sehen. Nicht immer sind diese beiden Formen sicher voneinander zu unterscheiden. Deutlich zeigt kleine kugelige Formen Abb. 39 an der Zellbegrenzung und den mit Pfeilen gekennzeichneten Stellen. In gleicher Weise, wie hier aus einer fast gelösten Fleischwasserkultur, sind sie in sterilen Flecken auf Agarnährböden zu finden (Abb. 40). Ihr Durchmesser beträgt nur 35—45 mμ. Bei genauer Betrachtung fällt auf, daß nicht alle völlig homogen sind (Abb. 41). Starke Elektronenbestrahlung verstärkt diesen Eindruck (Abb. 42). Die Zerstörung ist aber nicht so vollständig wie bei der früher beschriebenen Ringbildung (Abb. 31, 32 und 37, 38). Mitunter erscheinen die kugeligen d'Herellen nicht kokken-, sondern diplokokkenförmig, wenn auch nicht so deutlich wie der Kopfteil mancher keulenförmigen d'Herellen. Aus Coli- und Streptokokkenkulturen sowie besonders aus Kulturen von Enterokokken gewannen wir ähnliche, deutlich größere, um 70 mμ messende d'Herellen-Formen (Abb. 43—46). Sie erscheinen zum Teil dichter als bei Ruhrbakterien (Abb. 43) und sind ebenfalls nicht immer völlig homogen (Abb. 44). An einzelnen sieht man einen äußerst zarten Fortsatz (Abb. 45, 46), der sich kaum vom Untergrund

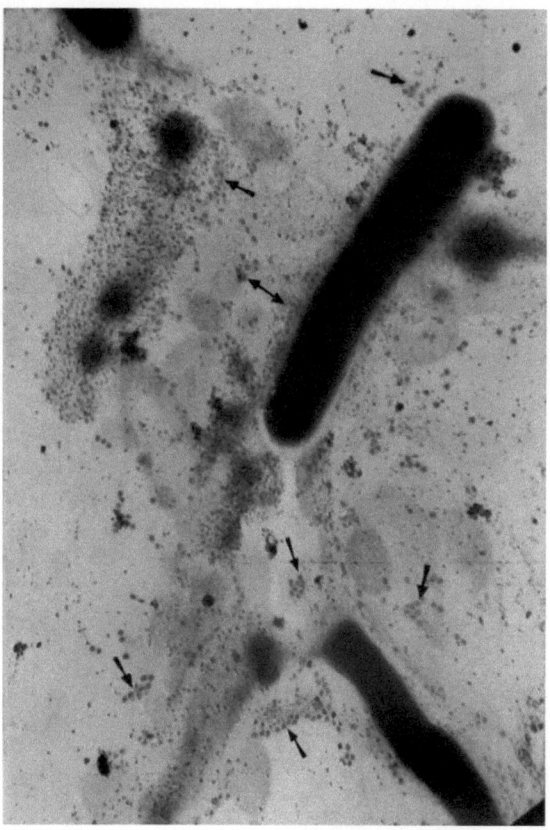

Abb. 39. 4624/40. Ruhrbakterien und kugelförmige d'Herellen nach fast völliger Lyse der Kultur. Elektronenoptisch: 12000:1; Abb.: 18000:1.

abhebt, da am Trägerfilm außer den d'Herellen stets mehr oder weniger uncharakteristische Auftrocknungen haften. Vielleicht bestehen Übergänge von den kleinen kugelförmigen zu den keulenförmigen d'Herellen.

Der Fortsatz zeigte sich bei Präparaten von Ruhr-, Proteus- und mitunter Colibakterien so deutlich, daß er keinesfalls als eine Zufälligkeit betrachtet werden kann (Abb. 47—55). Seine Länge ist sehr verschieden, sie beträgt 25—250 mμ, die Dicke etwa 20 mμ. Der Kopfteil mißt bei den keulenförmigen Ruhr-d'Herellen rund 90 × 110 mμ. Er unterscheidet sich bei Ruhr-d'Herellen von Enterokokken-d'Herellen außer durch die

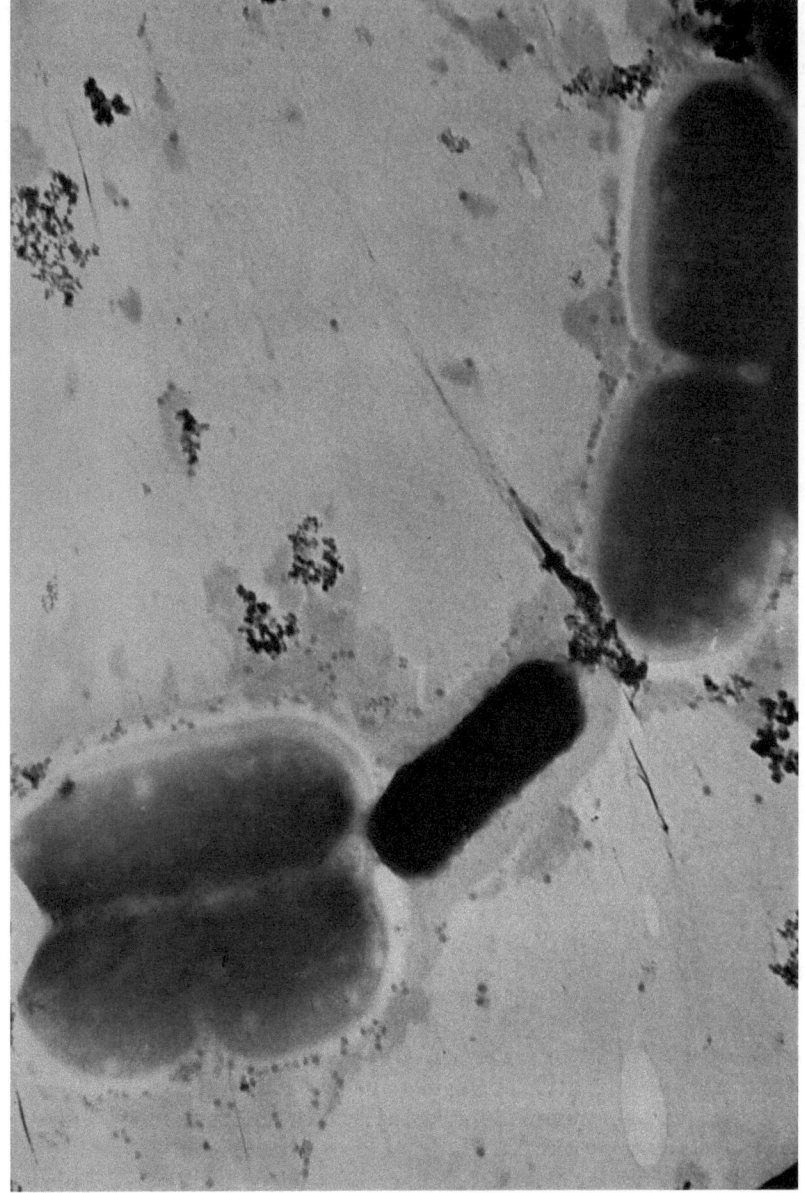

Abb. 40. 8586/41. Ruhrbakterien und kugelförmige d'Herellen aus einem tache vierge. Phageneinwirkung auf 4std. Bakterienrasen 1½ Stunden. Elektronenoptisch: 9000:1; Abb.: 22000:1.

verschiedene Größe auch durch die Diplokokkenform. Nicht immer sind beide Kokkenhälften gleich groß. Es wäre möglich, daß alle kugeligen d'Herellen Fortsätze besitzen, daß diese aber wegen ihrer zu geringen

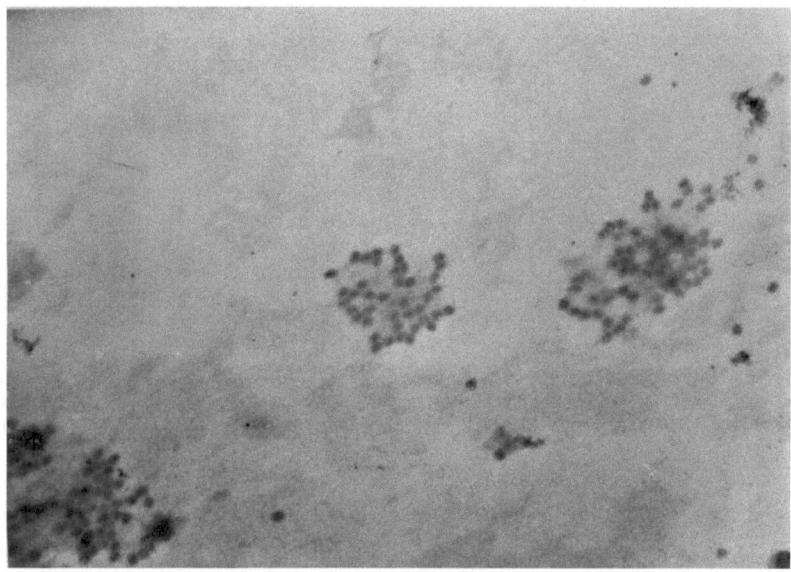

Abb. 41. 4644/41. d'Herellen nach völliger Lyse einer Ruhrkultur. Osmiumfixation. Elektronenoptisch: 15000:1; Abb.: 22500:1.

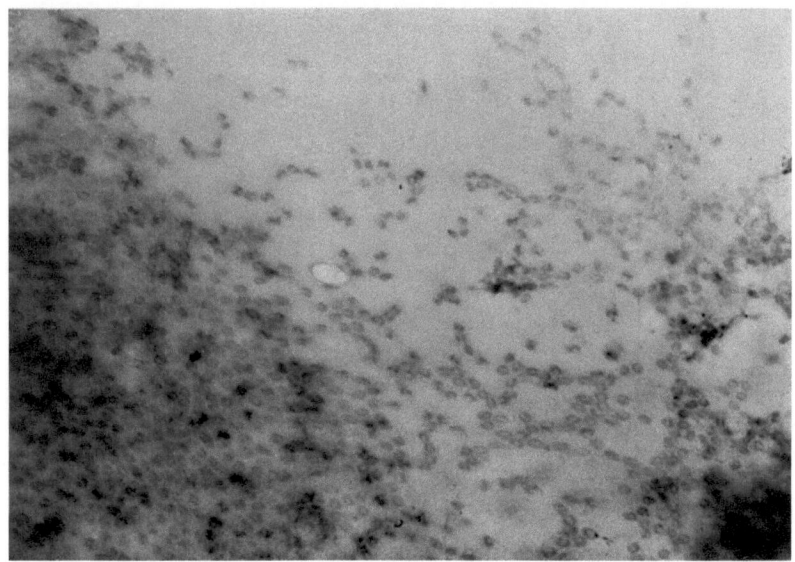

Abb. 42. 4641/41. d'Herellen nach fast völliger Lyse einer Ruhrkultur sehr stark bestrahlt; Osmiumfixation. Elektronenoptisch: 15000:1; Abb. 22500:1.

374   H. Ruska:

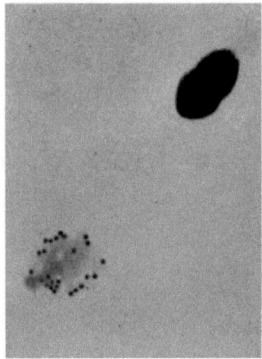 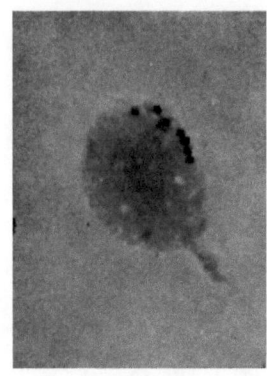

Abb. 43. 823/41. Enterococcus und Gruppe von d'Herellen nach Zusatz von Lysat zu junger Fleischwasserkultur. Elektronenoptisch:11000:1.

Abb. 44. 327/41. Gruppe von d'Herellen an Resten aus einer Enterokokkenkultur haftend. Elektronenoptisch: 11000:1; Abb.: 16500:1.

Dicke nicht abgebildet werden. Indessen spricht die verschiedene Form und Größe der kleinen kugeligen d'Herellen und des Kopfes der keulen-

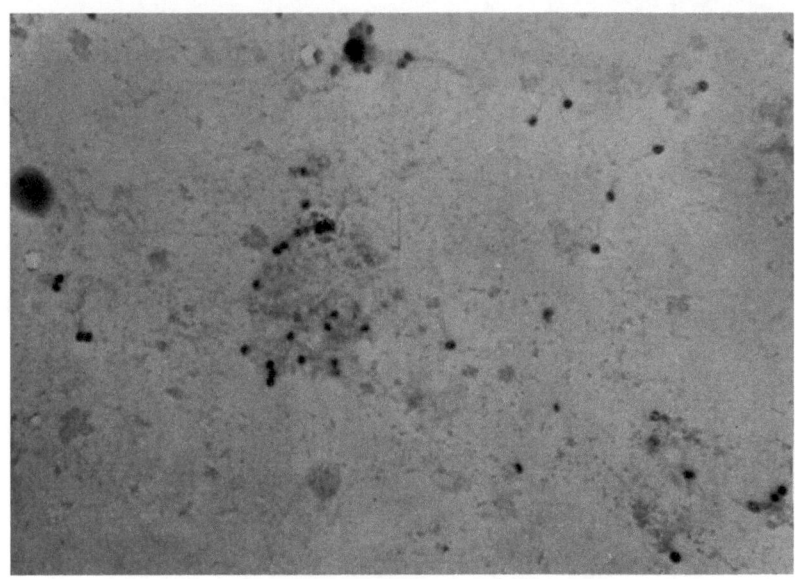

Abb. 45.
Abb. 45 und 46. 833/41, 835/41. d'Herellen aus völlig gelöster

förmigen d'Herellen aus dem gleichen Stammaterial (Ruhr) doch für eine bestehende Verschiedenheit. Es sei denn, wir nehmen an, daß sich die keulenförmigen d'Herellen aus den kleineren, kugelförmigen entwickeln.

Sowie man sich gewöhnt hat, auf die d'Herellen zu achten, findet man sie auch in Präparaten, die reichlich unspezifische Partikel enthalten (Abb. 49). Die Fortsätze sind aber dann meistens verdeckt. Wahrscheinlich ist dies auch bei gewissen, zunächst als kugelförmig angesehenen d'Herellen der Fall (Abb. 28, 33, 41 und 42). In unfixierten, formalin-, osmium- oder hitzefixierten Präparaten findet man die d'Herellen in gleicher Weise. Wie die anfänglich beschriebenen Partikel neigen sie zu Aggregatbildung, wobei bevorzugt die Fortsätze untereinander (Abb. 51 und 52) oder mit Fremdbestandteilen verkleben (Abb. 53). Auch an der Bakterienmembran scheinen vor allem die Fortsätze zu haften oder sogar senkrecht durch die Membran in das Zellinnere hineinzuragen (Abb. 54).

Die freiliegenden keulenförmigen d'Herellen sind in Bakteriennähe dagegen umgekehrt orientiert, nämlich so, daß der Fortsatz von den Zellen weggerichtet ist (Abb. 47, 48). Man könnte bei der Betrachtung der Bilder ebenso gut an Gameten als an Parasiten denken. Die Orientierung ist keine Folge einer Lebensäußerung, sondern ein Effekt der Auftrocknung. Sie erfolgt auch an fixierten, also abgetöteten Präparaten

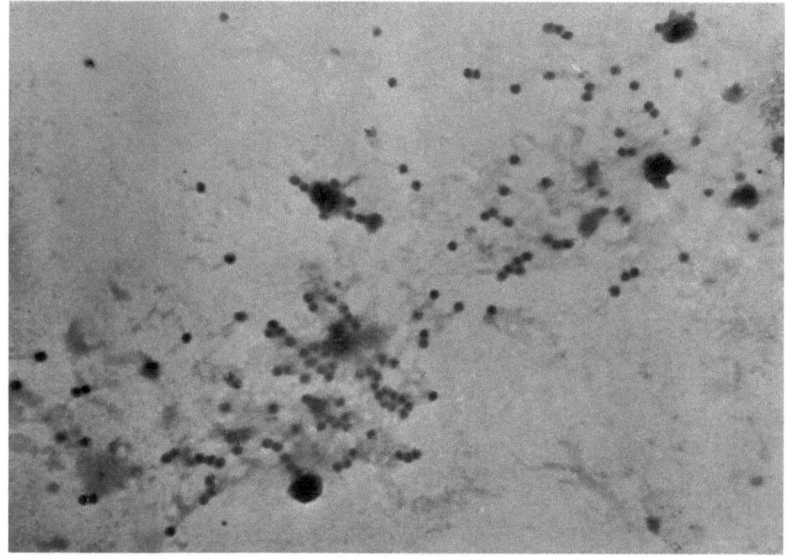

Abb. 46.
Enterokokkenkultur. Elektronenoptisch: 11000:1; Abb.: 16500:1.

und hängt damit zusammen, daß dort, wo die Bakterien liegen, das Präparat am längsten feucht bleibt. Wenn sich beim Auftrocknen die Flüssigkeitsschicht auf dem nicht benetzbaren Film in Richtung auf die

Bakterien zurückzieht, richten sich die d'Herellen in der auf den Bildern sichtbaren Weise aus.

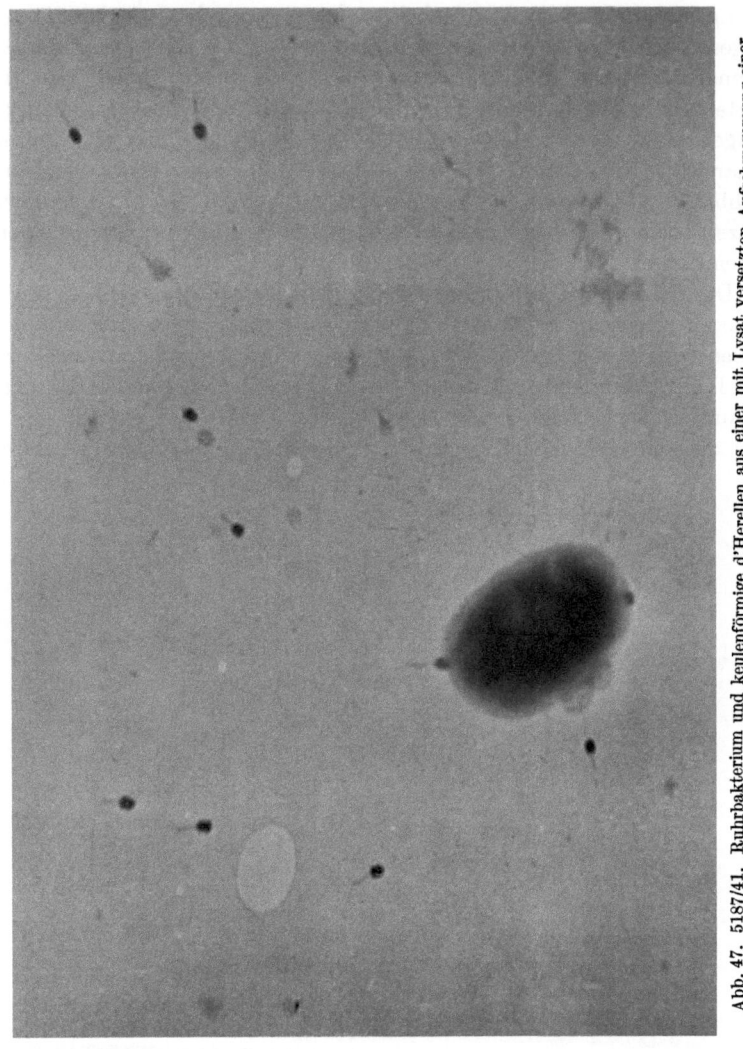

Abb. 47. 5187/41. Ruhrbakterium und keulenförmige d'Herellen aus einer mit Lysat versetzten Aufschwemmung einer 24std. Agarkultur. Formalinfixation. Elektronenoptisch: 10000:1; Abb.: 20000:1.

In Colikulturen fanden wir kugel- und keulenförmige d'Herellen selten, dagegen häufig Stäbchenformen (Abb. 55—57). Verschiedene Formen können — wenn auch sehr selten — nebeneinander vorkommen (Abb. 55). Die etwa 140 mμ langen und 35 mμ breiten Stäbchen sind im Ganzen wenig dicht, nur wenig stärker als die Fortsätze der keulenförmigen d'Herellen. An den Enden tragen sie meist zwei punktförmige, nicht immer ganz symmetrische Verdichtungszentren von 25 mμ Durchmesser. Sie erinnern dadurch an das lichtmikroskopische Bild von Diphtheriebazillen. Die stäbchenförmigen d'Herellen fanden wir bis jetzt nur in phagenhaltigen Colikulturen, meist in einem annähernd rechten

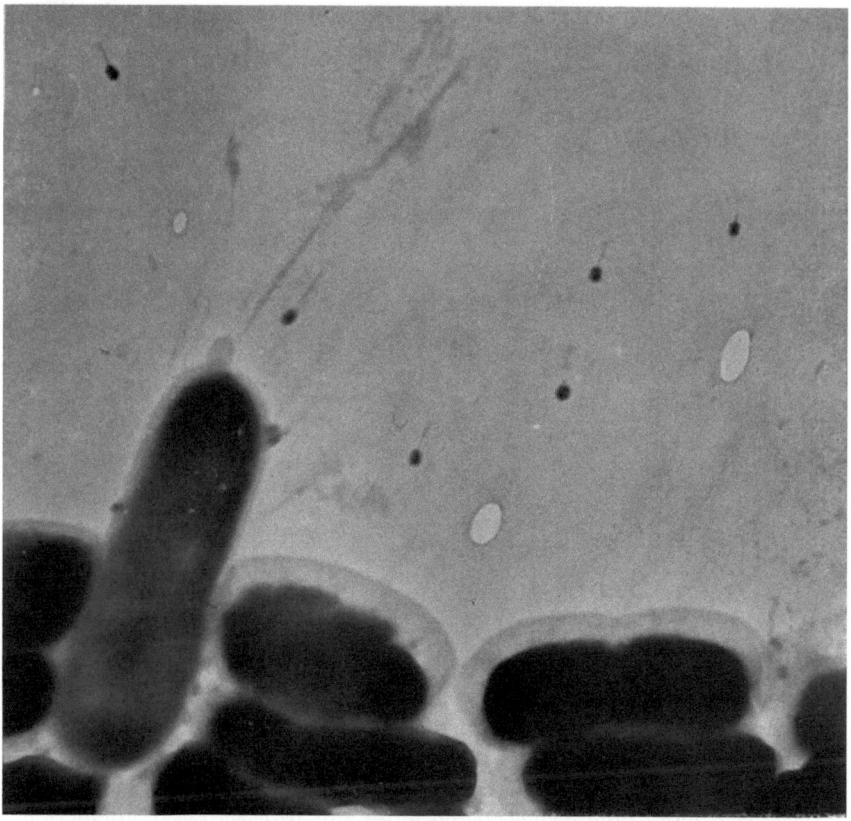

Abb. 48. 5189/41. Wie Abb. 47, die Zellen zeigen zum Teil Übergänge zum sekundären Typus, Formalinfixation.

Winkel von der Zellmembran abstehend (Abb. 56 und 57), selten frei neben den Zellen liegend; *U. Kottmann*[10] hat von ihnen besonders eindrucksvolle Bilder gewonnen.

Die Beziehungen der d'Herellen zu den Bakterien sind schon kurz berührt worden. Wir haben gesehen, daß sie an der Zelloberfläche haften können (Abb. 54, 56, 57). Es gelingt aber nicht mit jedem Bakterienstamm, die *d'Herellen* quantitativ dadurch an die Membranen der Bakterien zu binden, daß man frische Bakterien in ein homologes Lysat einbringt. Die Frage, ob die d'Herellen die entscheidenden übertragbaren Elemente sind, wäre dann leichter zu beurteilen. Daß sie häufig nach dem Waschen an den Zellen nicht mehr haften, kann mit dem Milieuwechsel zusammenhängen, besonders mit der beim Waschen eintretenden Änderung des osmotischen Druckes. Zum Vergleich sei angeführt, daß Bartonellen, die in ähnlicher Weise außen an roten Blutkörperchen haften wie d'He-

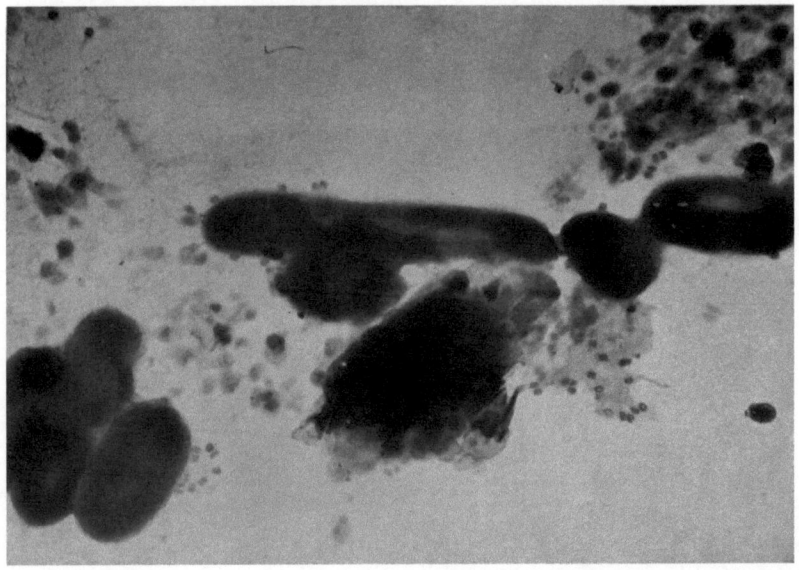

Abb. 49. 5028/41. Wie Abb. 47; Osmiumfixation. Elektronenoptisch: 10000:1; Abb.: 15000:1.

rellen an Bakterien, bei Behandlung der roten Blutkörperchen mit Kochsalzlösung oder bei der Hämolyse von der Zellmembran ebenfalls abfallen können.[24] In Übereinstimmung mit den morphologischen Ergebnissen findet man nach dem Sedimentieren einer mit frischem Lysat versetzten Aufschwemmung junger Bakterien in der überstehenden Flüssigkeit einen zwar herabgesetzten, aber doch noch beachtlichen Phagentiter. Bis zur fünften oder sechsten Waschprozedur lassen sich Phagen noch im Waschwasser nachweisen. Ein genauer quantitativer Vergleich zwischen dem Titer des Waschwassers und der d'Herellen-Zahl ist noch nicht durchgeführt.

Besprechung der Ergebnisse.

Die physiologische Zellumwandlung innerhalb alternder Bakterienkolonien zeigt keine Beziehungen zu den Veränderungen der Bakterien

bei der bakteriophagen Lyse. Von den beschriebenen Formentypen sind
es die primären Zellen, die der Lyse anheimfallen. An sekundären Zellen
wurde zwar noch eine Bindung der Phagen beobachtet (Abb. 54, 57),
alle in Auflösung begriffenen Zellen gehörten aber dem primären Typus
an (Abb. 29, 35 u. a.). Während in alten Kulturen die Zellmembranen lange
erhalten bleiben, scheint bei der Lyse gerade die Membran jener Zellteil
zu sein, der von den Phagen nicht nur zuerst befallen, sondern auch zuerst

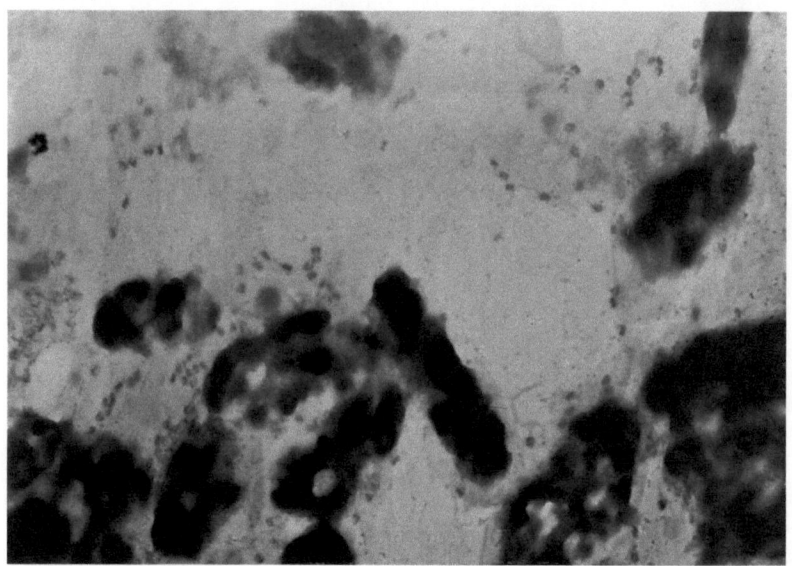

Abb. 50. 5074/41. Wie Abb. 47, Lyse nicht durch Fixationsmittel, sondern durch Erwärmen auf 60°
unterbrochen (Hitzefixation). Elektronenoptisch: 11000:1; Abb.: 16500:1.

zerstört wird. Zwar kann dieser Zerstörung eine Quellung der ganzen
Zelle vorausgehen, die Auflösung selbst hat aber eine Schädigung der
Membran zur Voraussetzung. Bei der Lyse bleiben keinerlei nachweisbare
Zellbestandteile übrig, d. h. weder Reste der Membran oder des Cyto-
plasmas noch isolierte Kernäquivalente. Falls bei der Auflösung lytische
Fermente mitwirken, müssen diese, da sie Zellbestandteile auflösen,
deren chemischer Aufbau verschieden ist, auch selbst verschiedener Art
sein. Bis jetzt ist weder ihre Herkunft bekannt noch überhaupt ihr
Nachweis getrennt von der Phagenwirkung geglückt. Es ist daher in
Erwägung zu ziehen, ob der Bakterienzerfall ohne Mitwirkung löslicher
Fermente, nur unter der unmittelbaren Einwirkung der Phagen oder als
Folge der Phagenneubildung eintritt. Bei dem augenblicklichen Stand
unserer Kenntnisse kann darüber nichts endgültiges ausgesagt werden.
  Alle Partikel, die als „Phagen" in Frage kommen, fanden wir außer-

halb oder, vorsichtiger ausgedrückt, nie mit Sicherheit innerhalb der Zelle. Es ist zwar möglich, daß eingedrungene Partikel durch die Dichte

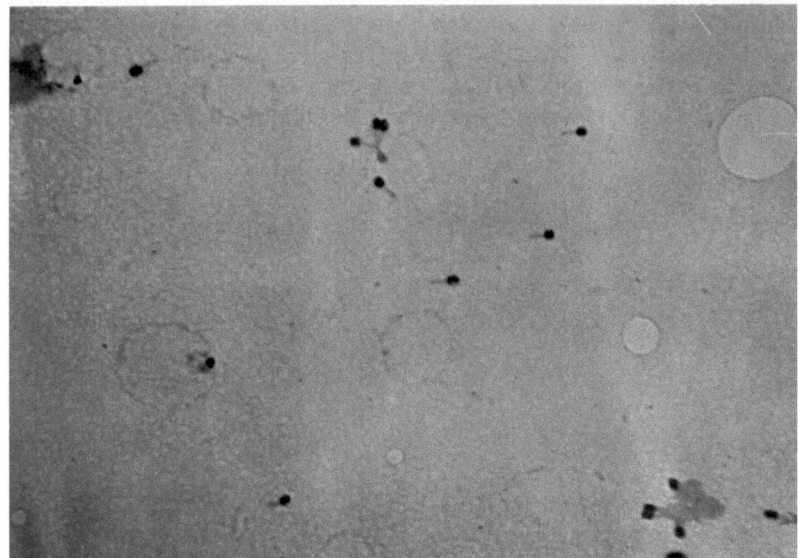

Abb. 51.

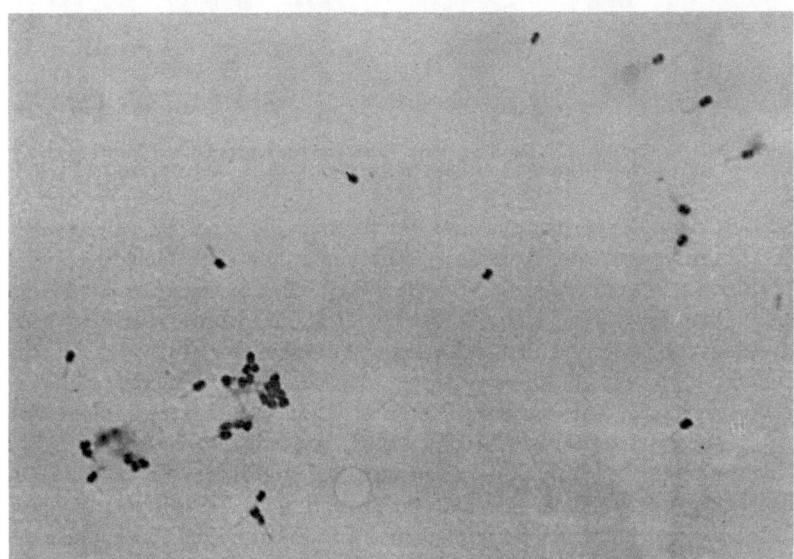

Abb. 52.

Abb. 51 bis 53. 5038/41, 5039/41, 5033/41. Einzeln und aggregiert liegende d'Herellen aus Ruhrlysat, d'Herellen sind nicht an die Bakterien gebunden; Formalin-

Morphologische Befunde bei der bakteriophagen Lyse. 381

des Cytoplasmas verdeckt werden und deshalb nicht erkennbar sind, es erscheint uns aber fraglich, ob Teilchen der zur Diskussion stehenden Größe überhaupt die intakte Membran zu durchdringen vermögen. Kleinste kolloide Silberteilchen, die infolge der Abgabe von Silberionen die Zellen töten, gelangen nicht in das Zellinnere, während sich das Eindringen von Ionen (Hg bei der Sublimatvergiftung) im Übermikroskop gut nachweisen läßt.[24]

Wenn die Phagen — gleichgültig, ob die d'Herellen oder andere Partikel darunter zu verstehen sind — nur von außen einwirken, muß auch ihre Vermehrung außerhalb der Bakterienzelle vor sich gehen. Wir müssen dann die Bindung der Phagen an der Zelloberfläche in einen engeren Zusammenhang mit ihrer Vermehrung bringen. Dies kann unter der Annahme geschehen, daß die Phagen Eigenschaften belebter Gebilde besitzen und aus den Bakterien von außen Substanzen zur Assimilation aufnehmen, vielleicht ähnlich wie Bartonellen, die sich auf der Oberfläche von roten Blutkörperchen vermehren. Bei einer ausschließlich chemischen Betrachtung kommt man zu der Annahme, daß diejenigen Gruppen der Zelloberfläche, die die Bakteriophagen binden, sich auch mit den Phagen chemisch vereinigen, während sie anderseits von der Bakterienmembran abgestoßen werden. Stellt man sich vor, daß die so entstehenden Teildefekte im Aufbau der Membran, bzw. die abgestoßenen, für die Bindung der Phagen verantwortlichen chemischen Gruppen von

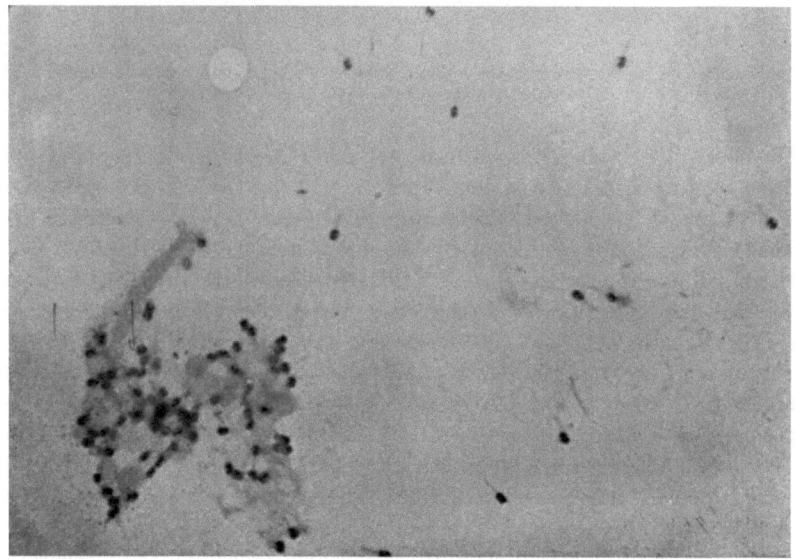

Abb. 53.

in welches nach der Lyse frische Ruhrbakterien aus 24std. Agarkultur eingebracht waren. Die fixation. Elektronenoptisch: 12000:1; Abb.: 18000:1.

der Zelle fortgesetzt regeneriert werden und sich der gleiche Prozeß eine
bestimmte Zeit lang wiederholt, so nehmen die Phagen zu, während die
Bakterien an Substanz verarmen und schließlich erschöpft werden.
Funktion und Aufbau der Membran und damit auch der ganzen Bakterienzelle bleiben dann nicht mehr erhalten und die Zelle kann möglicherweise ohne Einwirkung lytischer Fermente zerfallen. Da die Größe der
Phagen die der spezifisch bindenden Gruppen an der Zelloberfläche
übertrifft, können mehrere solche Gruppen einen Phagen an der Bakterienmembran binden, so daß mit der Ablösung einer einzelnen Gruppe
die Phagen nicht völlig die Verbindung mit den Bakterien zu verlieren

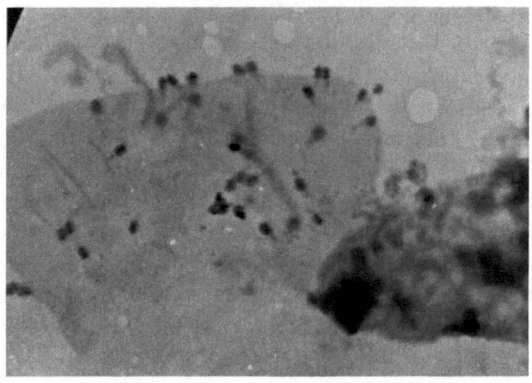

Abb. 54. 5722/40. An Membranresten von Proteusbakterien mit dem Fortsatz haftende keulenförmige
d'Herellen. Elektronenoptisch: 14000:1; Abb.: 21000:1.

brauchen. Unabhängig davon, ob wir die Phagen als belebt oder un-
belebt betrachten, läßt sich ihre Wirkung und ihre Vermehrung auch verstehen, wenn sie nicht ins Zellinnere eindringen. Die Vermehrung der
Phagen kann, falls wir sie an die äußere Oberfläche der Membran ver-
legen, schon vor dem Zerfall der Bakterienzellen eintreten. Es würde so
verständlich, warum ein Anstieg der Phagenzahl erfolgt, bevor eine
sichtbare Lyse mit einer Verminderung der Bakterienzahl eintritt und
warum bei der Lyse selbst ein Konstantbleiben des Bakteriophagentiters
beobachtet werden kann (*Doerr* und *Grüninger*).[25] Die veränderte morphologische Organisation älterer Bakterienzellen — die die Beziehungen
des Cytoplasmas zur Membran betrifft — zeigt auch, warum die Wirkung
der Phagen in älteren Kulturen nicht die gleiche ist wie in jungen. Das
Problem der Resistenz ist dagegen ein anderes, denn die Zellen aus
resistenten Kulturen sind ebenfalls nach dem primären Typus gebaut.

Da bis in die jüngste Zeit[22,26] für die Phagendurchmesser auch sehr
viel geringere Größen angegeben werden als die eingangs erwähnten und

die bei den d'Herellen gemessenen, muß noch durch Versuche ausgeschlossen werden, daß es sich bei letzteren um Reaktionsprodukte von sekundärer Bedeutung aus phagenbefallenen Zellen handelt. Die Tatsache, daß die am häufigsten auftretende *d'Herellen*-Form, die Keulenform im „Fortsatz" ein besonderes Haftorgan besitzt, spricht gegen die sekundäre Bedeutung dieser Gebilde. Durch die Feststellung der Beziehung der Zahl der d'Herellen zur Zahl der übertragbaren lytischen Einheiten (Phagentiter), wird sich die Frage nach ihrer Identität eindeutig entscheiden lassen. Die methodische Voraussetzung zur Durchführung entsprechender Versuche ist durch die Ermöglichung genauer

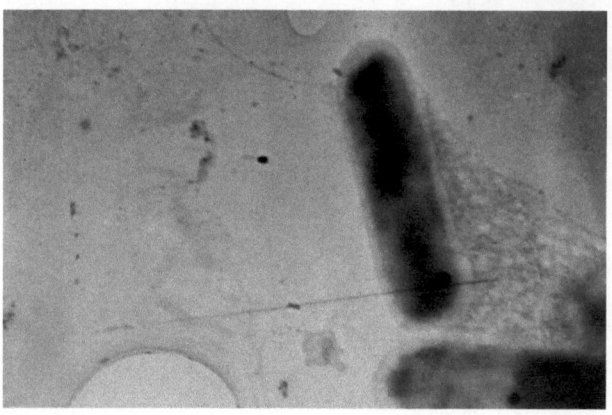

Abb. 55. 5238/41. Freiliegende keulenförmige und an der Membran eines Colibakteriums haftende stäbchenförmige d'Herellen. Beginnende Lyse. Elektronenoptisch: 12000:1; Abb.: 18000:1.

Teilchenzählungen im Übermikroskop ohne Anwendung einer Zählkammer nach dem Vorgehen von *G. Riedel* und *H. Ruska*[27] gegeben. Es müssen hierzu in jedem μ^3 ein oder mehrere der zu zählenden Teilchen sein, d. h. 10^{12}—10^{13} in 1 ccm. Auch vollkommene Reinpräparate der „Phagen" könnten die schwebende Frage entscheiden. Die Herstellung von 1 cmm Phagensubstanz erfordert bei einem Phagendurchmesser von 50 mμ und einem Titer von 10^{-7} etwa 1000 l Kulturflüssigkeit. Den großen Zahlen wirksamer Einheiten stehen ungeheuer kleine Substanzmengen gegenüber, die aus einem Gemisch isoliert werden müssen.

In welcher Weise die verschiedenen *d'Herellen*-Formen untereinander zusammenhängen, welches ihre Vermehrungsweise ist, ob sie Glieder eines zusammengehörigen Entwicklungszyklus sind und ob die Wirkung verschiedener Formen eine verschiedene ist, sind nur einige der Fragen, die noch der Klärung bedürfen. Nach unseren Bildern sind die d'Herellen jedenfalls die einzigen typischen bei der Bakteriophagie neben den

Bakterien auftretenden Formelemente, woraus sehr wahrscheinlich wird, daß sie die Phagen selbst darstellen. Sollte sich zeigen lassen, daß die d'Herellen tatsächlich das maßgebende Agens sind und daß sie in verschiedenen Entwicklungsformen auftreten, so wäre zum mindesten die besonders durch *Northrop*[28] gestützte Hypothese von der Proteinnatur der Phagen nicht mehr aufrecht zu erhalten. Nach den gültigen Vorstellungen erscheint es ausgeschlossen, das hochmolekullare Proteine in

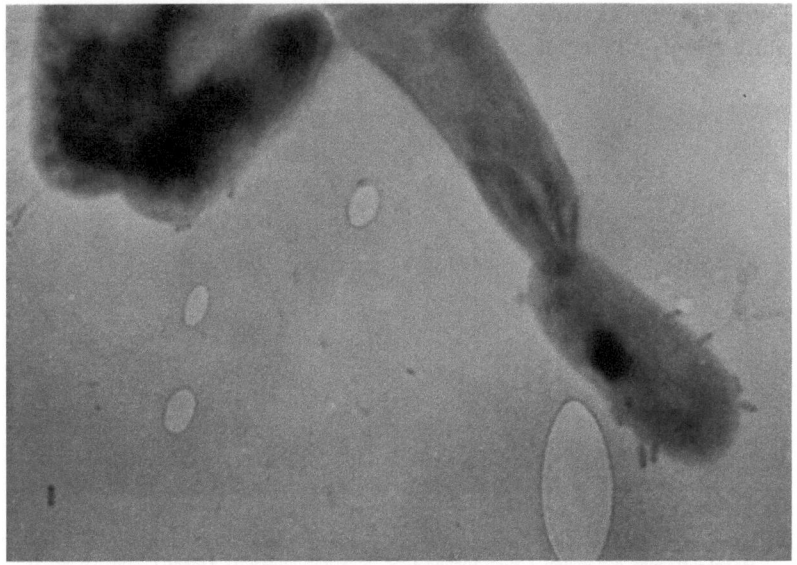

Abb. 56. 5343/41. Stäbchenförmige d'Herellen an primären Colibakterien bei beginnender Lyse; Formalinfixation. Elektronenoptisch: 10000:1; Abb.: 20000:1.

Bezug auf die Dichte und Form der Makromoleküle so differenziert gebaut sind wie die d'Herellen. Diese wären dann vielmehr das von d'Herelle angenommene Bacteriophagum intestinale[29] oder der Protobius bacteriophagus.[30] Den Streit um die Natur der Phagen erneut mit nicht beweisenden Argumenten aufleben zu lassen, wäre verfrüht. Ob man die Phagen als belebt betrachten will oder nicht, scheint mehr ein Problem der Definition des Lebens zu sein als eines der Bakteriophagie.

Dem Reichsforschungsrat dankt der Verfasser für Unterstützung bei seinen Untersuchungen.

Für die Zusendung weiterer Phagenstämme, insbesondere von sporenbildenden Bakterien und von solchen, deren wirksame Einheiten nach indirekten Messungen extrem verschiedene Größen aufweisen, wäre der Verfasser dankbar.

Morphologische Befunde bei der bakteriophagen Lyse. 385

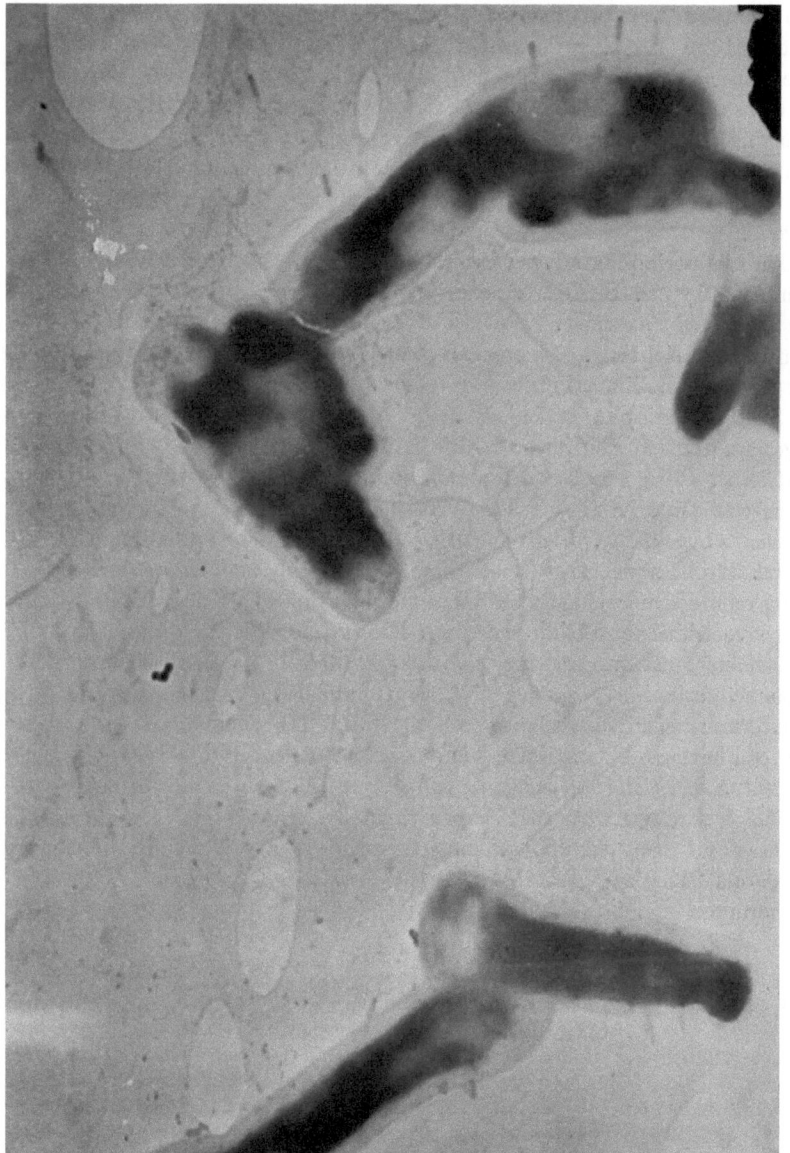

Abb. 57. 5341/41. Stäbchenförmige d'Herellen an sekundären Zellen von Colibakterien; Formalinfixation. Elektronenoptisch: 10000:1; Abb.: 20000:1.

Zusammenfassung.

Einige Grundzüge der Morphologie von nicht sporenbildenden Bakterien werden nach übermikroskopischen Bildern beschrieben. Zellen verschieden alter Kulturen lassen sich als primäre, sekundäre *(G. Piekarski)* und tertiäre Formen unterscheiden. Die primären Zellen zeigen eine gleichmäßige Verteilung des Cytoplasmas innerhalb der Membran und einen nur schwach ausgebildeten oder fehlenden peripheren Saftraum. Bei den sekundären Zellen ist der Saftraum stark ausgebildet, die Membran vom dichten Cytoplasma deutlich abgesetzt. In den tertiären Formen nimmt das Cytoplasma wieder den gesamten Innenraum der Membran ein und kann strahlenempfindliche Verdichtungszentren sowie Vakuolen zeigen.

Die bakteriophage Lyse betrifft von den beschriebenen Formen den primären Typus. Bei der Auflösung wird die Membran zerstört, so daß der Zellinhalt austritt. Es bleiben keine Cytoplasmareste oder Kernäquivalente sichtbar. Besondere Veränderungen sind vor und während der Lyse im Zellinnern nicht erkennbar.

Als Bakteriophagen können um die Bakterien liegende Partikel angesprochen werden, deren Größe mit den auf indirekten Wegen ermittelten Phagengrößen übereinstimmt: Neben verschiedenartigen, wenig charakteristischen Teilchen werden verschiedene sehr gleichartige Formen abgebildet, für die die Bezeichnung d'Herellen vorgeschlagen wird. Es sind kugelförmige, keulenförmige und stäbchenförmige d'Herellen von verschiedener Gesamtgröße zu unterscheiden. Nach ihrer Form und ihrer verschiedenen Dichte sind die d'Herellen keine aus gleichen Grundbausteinen zusammengesetzte Gebilde wie die bekannten hochmolekularen Substanzen. Von den bisher abgebildeten pflanzenpathogenen Virusformen sind sie völlig verschieden. Ob sie die kleinste übertragbare Einheit und damit die Phagen selbst sind, wird weiter verfolgt werden. Alle bisher erhobenen Befunde sprechen für diese Annahme.

Einige Fragen über die Phagenvermehrung und den Lysevorgang werden auf Grund der Beobachtung besprochen, daß die d'Herellen und andere als Phagen in Frage kommende Partikeln nicht in das Zellinnere einzudringen scheinen.

Literatur.

[1] *Ruska, H.:* Forschungen und Fortschritte **17**, 363 (1941). — [2] *Kuhn, Ph.:* Zbl. Bakter. usw. **121**, 113 (1931). — [3] *Kausche, G. A.* u. *H. Ruska:* Naturw. **28**, 303 (1940). — [4] *Born, H. J., A. Lang, G. Schramm* u. *K. G. Zimmer:* Naturw. **29**, 222 (1941). — [5] *Ruska, H., B. v. Borries* u. *E. Ruska:* Arch. ges. Virusforsch. **1**, 155 (1939) und *B. v. Borries* u. *E. Ruska:* Erg. exakt. Naturw. **19**, 237 (1940). — [6] *Kausche, G. A., E. Pfankuch* u. *H. Ruska:* Naturw. **27**, 292 (1939). — [7] *Ruska, H.:* Dtsch. med. Wschr. 1941, S. 281. — [8] *v. Preisz, H.:* Die Bakteriophagie. Jena, 1925. — [9] *Hoder, F.:* Bakterienveränderung durch Bakteriophageneinwirkung. Jena, 1932. — [10] *Kottmann, U.:* Arch. ges. Virusforsch. **2**, 388 (1942). — [11] *Piekarski, G.:* Arch. Mikrobiol. **8**, 428 (1937). — [12] *Piekarski, G.* u. *H. Ruska:* Arch. Mikrobiol. **10**, 302 (1939). — [13] *Lembke, A.* u. *H. Ruska:* Klin. Wschr. **19**, 217 (1940)- vgl. auch Leprabazillen bei *v. Ardenne, M.* u. *H. Augustin:* Klin. Wo. **20**, 763 (1941). — [14] *Wolpers, C.* u. *R.*

Engel: Unveröffentlichte Versuche. — [15] *Jensen, K. A.:* Zbl. Bakter. usw. I. **107**, 1 (1928). — [16] *Bayne-Jones, St.* u. *L. A. Sandholzer:* J. exper. Med. (Am.) **57**, 279 (1933). — [17] *Sander, F.:* Erg. Hyg. usw. **21**, 338 (1938). — [18] *Frühbrodt, E.* u. *H. Ruska:* Arch. Mikrobiol. **11**, 137 (1940). — [19] *Ruska, H.:* Z. Hyg. **123**, 289 (1941). — [20] *Ruska, H.:* Naturw. **28**, 45 (1940). — [21] *Kausche, G. A.* u. *E. Pfankuch:* Naturw. **28**, 46 (1940). — [22] *Bloch, H.:* Arch. ges. Virusforsch. **1**, 560 (1940). — [23] *Ruska, H.:* Naturw. **29**, 367 (1941). — [24] *Ruska, H.:* Unveröffentlichte Versuche. — [25] *Doerr, R.* u. *W. Grüninger:* Z. Hyg. **97**, 209 (1922). — [26] *Kalmanson, G.* u. *J. Bronfenbrenner:* J. gen. Physiol. (Am.) **23**, 203 (1939). — [27] *Riedel, G.* u. *H. Ruska:* Kolloid-Z. **96**, 86 (1941). — [28] *Northrop, J. H.:* Science **84**, 90 (1936). — [29] *d'Herelle, F.:* C. r. Soc. Biol. **81**, 1160 (1918). — [30] *d'Herelle, F.:* The bacteriophage and its behavior. Baltimore, 1926. —

Aufnahmebedingungen

Die Aufnahme von Artikeln, welche bereits an anderer Stelle in wörtlich oder auch nur inhaltlich gleicher Fassung publiziert worden sind, wird abgelehnt. „Vorläufige Mitteilungen" und Auseinandersetzungen polemischen Inhaltes werden nicht angenommen. Es wird ausdrücklich darauf aufmerksam gemacht, daß mit der Annahme des Manuskriptes und seiner Veröffentlichung durch den Verlag das ausschließliche Verlagsrecht für alle Sprachen und Länder an den Verlag übergeht, und zwar bis zum 31. Dezember desjenigen Jahres, das auf das Jahr des Erscheinens folgt. Der Verfasser verpflichtet sich also, innerhalb dieser Frist seinen im „Archiv" abgedruckten Beitrag nicht anderweitig zu veröffentlichen. Für *Originalarbeiten* ist ein maximaler Umfang von 1 bis 1½ Druckbogen (à 16 Seiten), für *Übersichten* von 2 bis 3 Druckbogen festgesetzt.

Die Manuskripte (Maschinschrift) sind an Professor Dr. *R. Doerr*, Basel, Petersplatz 10, einzusenden und sollen in klarer Ausdrucksweise und unter Hinweglassung jedes überflüssigen Ballastes abgefaßt sein. Bei Originalarbeiten sind die Ergebnisse am Schlusse in wenige präzis formulierte Sätze zusammenzufassen. Der Form nach sollen die Manuskripte so ausgestattet sein, daß eine fehlerfreie Drucklegung gewährleistet ist und daß keine Rückfragen an die Verfasser gerichtet werden müssen. Besondere Sorgfalt ist den Vorlagen für Tabellen zuzuwenden. Die in Kleindruck zu setzenden Stellen haben die Verfasser selbst im Manuskript zu bezeichnen. Auch auf die einheitliche Art der *Zitierung der Literatur* wird besonderer Wert gelegt. Die Literaturangaben müssen daher enthalten: Name des Autors mit Anfangsbuchstaben des Vornamens, vollständiger Titel der Veröffentlichung, Angabe der Zeitschrift mit Band-, Seiten- und Jahreszahl. Zitierungen aus Büchern sollen Verfasser Titel des Buches, Auflage, Verlagsort, Erscheinungsjahr und die Seitenangabe der zitierten Stellen enthalten. Von *Abbildungen* ist ein sehr sparsamer Gebrauch zu machen, da sie die Drucklegung der Beiträge verzögern und den Preis der Zeitschrift verteuern, was — auch mit Rücksicht auf eine mögliche Steigerung des Jahresvolumens — vermieden werden muß.

Die Beiträge werden in längstens 2 bis 3 Monaten nach dem Datum ihres Eintreffens bei der Schriftleitung im Druck erscheinen. Doch kann diese Zusage nur eingelöst werden, wenn sich die Verfasser an die vorstehenden Richtlinien halten. Die Verfasser erhalten eine *Fahnenkorrektur*. Revisionen können grundsätzlich nicht geliefert werden. Wohnen die Mitarbeiter in weit entfernten oder überseeischen Ländern, so können sie die Durchsicht der Fahnenkorrekturen der Schriftleitung (bei Übersendung des Manuskriptes) übertragen. Will der Verfasser in solchen Fällen die Fahnenkorrektur selbst besorgen, so muß er eine dadurch bedingte Verzögerung der Veröffentlichung in Kauf nehmen.

Die Verfasser von *Originalarbeiten* erhalten einen Unkostenersatz von *RM 20,—* für den Druckbogen (maximal *RM 30,—* für eine Arbeit); *Übersichten* werden mit *RM 100,—* für den Druckbogen honoriert. Die Autoren erhalten 75 Sonderdrucke ihrer Beiträge kostenlos; 75 weitere Sonderdrucke können gegen eine angemessene Entschädigung geliefert werden. Darüber hinaus gewünschte Exemplare werden jedoch zum Bogen-Nettopreis berechnet.

Der Verlag

Soeben erschien:

Blutkonservierung und Transfusion von konserviertem Blut.
Von Dr. **O. Schürch,** Chefarzt der Chirurgischen Abteilung des Kantonspitals Winterthur, Dr. **H. Willenegger,** Assistent an der Chirurgischen Abteilung des Kantonspitals Winterthur, Dr. **H. Knoll,** Assistent an der Chirurgischen Abteilung des Kantonspitals Winterthur. Mit 80, darunter 3 farbigen Abbildungen. IX, 363 Seiten. 1942. RM 39.60; gebunden RM 41.40

Inhaltsverzeichnis: Einleitung: Die Blutkonservierung. Die Biologie der Blutkonservierung. Die Durchführung der Blutkonservierung. — Die Transfusion von konserviertem Blut. Geschichtliche Entwicklung. Wirkungsweise und Indikation der Transfusion mit konserviertem Blut. Die Konservierung und die Transfusion einzelner Blutbestandteile. Spender und Blutkonservierung. Blutgruppen und Blutkonservierung. Die Technik der Transfusion mit konserviertem Blut. Gefahren, Störungen und Schäden der Transfusion mit konserviertem Blut. Die Organisation des Bluttransfusionsdienstes. Literaturverzeichnis.

Zu beziehen durch jede Buchhandlung

SPRINGER-VERLAG IN WIEN

MIX
Papier aus verantwortungsvollen Quellen
Paper from responsible sources
FSC® C105338

If you have any concerns about our products,
you can contact us on
ProductSafety@springernature.com

In case Publisher is established outside the EU,
the EU authorized representative is:
**Springer Nature Customer Service Center GmbH
Europaplatz 3, 69115 Heidelberg, Germany**

Printed by Libri Plureos GmbH
in Hamburg, Germany